GÜTERS DIE
LOHER VISION
VERLAGS EINER
HAUS NEUEN WELT

Frank Behrendt

Die Winnetou-Strategie

Werde zum Häuptling
deines Lebens

GÜTERSDIE
LOHERVISION
VERLAGSEINER
HAUSNEUENWELT

In memoriam Jan-Peter Behrendt.

*Er war ein großer Häuptling und zeigte
mir als Junge den Weg zu Winnetou, mit
dem ich seitdem durchs Leben reite.
Der Sonne entgegen.*

INHALT

KAPITEL 1

BLUTSBRÜDER UND -SCHWESTERN
GESUCHT

....

Jeder Mensch braucht Blutsbrüder und Blutsschwestern an seiner Seite, auf die er sich blind verlassen kann. Zweckgemeinschaften lösen sich früher oder später auf, große Lieben können vergehen, doch die Verbundenheit mit einem Seelenverwandten trägt über Jahrzehnte – vielleicht sogar bis zum Ritt in den Sonnenuntergang.

Winnetou und Old Shatterhand,
Lederstrumpf und Chingachgook,
Bastian Schweinsteiger und Lukas Podolski,
Sherlock Holmes und Dr. Watson,
Christo und Jeanne-Claude,
Thelma und Louise,
Karl Marx und Friedrich Engels,
Bud Spencer und Terence Hill,
Winnie Puh und Ferkel,
Schiller und Goethe,
John Lennon und Yoko Ono ...

Die Liste berühmter Blutsbrüder und -schwestern – reale und fiktive – ist lang. Und auch unter uns Normalsterblichen gibt es Super-Buddys, die gemeinsam durch dick und dünn gehen und das Beste im jeweils anderen zum Vorschein bringen. Schon als Kind war es mein sehnlichster Wunsch, dass auch ich einen Seelenverwandten finde. Denn Blutsbrüder sind praktisch unverwundbar. Sie stehen Seite an Seite und helfen sich wieder auf, wenn einer von ihnen doch mal vom Leben in die Knie gezwungen wird. Vor allem aber genießen sie gemeinsam die Schönheit der Welt und verdoppeln mit der Kraft der zwei Herzen ihre Freude am Dasein. Aber wie findet man so einen Begleiter durchs Leben? Um eine Antwort auf diese Frage zu bekommen, muss man erst einmal wissen, was genau einen echten Blutsbruder ausmacht.

Unendliche Weiten

Die Liste oben führt es vor Augen: Blutsbrüder/Blutsschwestern sind Seelenverwandte – und doch total unterschiedlich gestrickt. Klugheit trifft auf Stärke, Besonnenheit auf Abenteuerlust, Einfühlsame tun sich mit Machern zusammen. Jeder ist das fehlende Puzzleteil für sein Gegenüber. So verschieden Blutsbrüder auch sind, sind sie doch einander ebenbürtig. Ihre Freundschaft ist eine Freundschaft unter Gleichen. Ohne die sozialen Skills des Dr. Watson wäre Sherlock Holmes nicht mehr als ein arroganter Schnösel, und ohne Ferkel wäre Winnie Puh einfach nur ein gefräßiger kleiner Bär. Erst im Doppelpack wird es *magic*.

> Erst im Doppelpack wird es magic.

Kann man sich unterschiedlichere Typen vorstellen als Captain Kirk und Spock? Der eine hitzig und instinktgetrieben, der andere der Inbegriff des kühlen Logikers. Kirk und Spock gehörten für mich als Kind zu meinen Schutzheiligen, und sie sind es heute noch. 9

Denn sie sind der Beweis, dass man noch nicht einmal vom selben Planeten kommen muss, um gemeinsam alle Probleme aus dem Weg zu räumen. Ich weiß nicht, ob der Erdling und der Vulkanier sich jemals gegenseitig als Freunde bezeichnet haben. Das ist auch gar nicht notwendig.

Nicht vom selben Planeten – und doch unschlagbar.

Für die Gewissheit, dass man in allen Lebenslagen füreinander da ist und den anderen aus jeder noch so gefährlichen Bredouille herausholt, braucht es keine großen Worte. Nur Taten zählen. Der Clou: Die Darsteller Leonard Nimoy und William Shatner waren auch in der Realität echte Freunde, später erzähle ich mehr dazu.

Dass zwei Blutsbrüder sich perfekt ergänzen, erklärt aber noch nicht die starke Bindung zwischen ihnen. Einfach nur Seite an Seite stehen und zusammen kämpfen, reicht nicht. Der wahre Kitt ist die Tatsache, dass sie trotz aller Unterschiede die gleichen elementaren Werte teilen. Erst auf dieser Basis ist es möglich, dass sich Blutsbrüder gegenseitig ein Leben lang mit Impulsen versorgen und voranbringen. So werden sie zu perfekten Botschaftern des Prinzips »Lebenslanges Lernen«.

Auch Winnetou und Old Shatterhand komplettieren sich ideal in ihrer Unterschiedlichkeit, stoßen aber auch in ihrem jeweiligen Blutsbruder eine tiefgreifende Entwicklung an. Winnetou ist zu Beginn ihrer Freundschaft angehender Häuptling mit unbestechlichem Blick für das Wohl seines gesamten Stammes, Old Shatterhand das Greenhorn aus Deutschland, das zwar Freunde hat, aber doch nur für sich selbst einsteht. Der anfangs kriegerisch-brutale und rachedurstige Winnetou nimmt die

Friedensbotschaft seines Freundes an und erkennt, wie heilsam es ist, einem Feind auch mal eine zweite Chance zu geben. Old Shatterhand entwickelt sich dank seines Freundes von der One-Man-Show zu einem echten Häuptling mit Führungsqualitäten. Dies alles geschieht, weil beide dieselben Werte teilen: Geradlinigkeit, Fairness, Menschlichkeit.

Die Botschaft, dass Menschen aneinander wachsen können, hat mich schon als Junge an den Winnetou-Geschichten fasziniert. Gebannt lauschten meine Geschwister und ich mit glänzenden Augen den Erzählungen meines Vaters, wenn wir die heißen Nachmittagsstunden im abgedunkelten Kinderzimmer unseres Hauses in Rio de Janeiro verbrachten. Wir bangten mit, wenn Old Shatterhand lernte, sich lautlos an Feinde anzuschleichen, und Winnetou sich dank seines Freundes die Kunst des Schmiedens langfristiger Pläne aneignete. Dieses Grundmuster gegenseitiger Persönlichkeitsentwicklung begegnet mir überall

Einfach nur zusammen kämpfen reicht nicht.

im Leben. Da ist das vom Chef zusammengewürfelte Zweierteam, das scheinbar gar nicht zusammenpasst, und doch einen Erfolg nach dem anderen verbucht. Denn der ältere Kollege hilft dem Newcomer auf die Sprünge und vermittelt ihm Fachwissen; im Gegenzug wirft der Senior ein paar angestaubte Glaubenssätze über Bord, die ihn jahrelang ausgebremst haben. Oder zwei Freundinnen, die eine lebt ihr Leben immer im roten Bereich des Drehzahlmessers, die andere ist eher bei 40 Stundenkilometern im vierten Gang unterwegs. Nummer eins lernt, sich auch mal zu entspannen, und Nummer zwei überwindet dank des

Einflusses ihrer Partnerin ihr Phlegma und kommt auch mal auf Puls 120.

»Bin gleich da!«

Was unterscheidet Freunde von guten Freunden, und gute Freunde von Blutsbrüdern? Dieses Thema hat schon die alten Griechen beschäftigt. *Aristoteles unterscheidet in einer seiner Schriften über Ethik drei Typen der Freundschaft:*

1. Es gibt Freundschaften, die dem gegenseitigen Nutzen dienen, zum Beispiel im Beruf oder in der Politik. Das ist völlig in Ordnung, aber es sollte klar sein, dass so eine Freundschaft nur auf Zeit angelegt ist. Sobald einer der Partner zum Beispiel eine andere Arbeitsstelle antritt, verliert man sich aus den Augen. Die gemeinsame Basis, als Seilschaft Erfolge im Unternehmen einzufahren, ist ja weggefallen.

2. Dann gibt es noch die Freunde, die Vergnügen und Lust miteinander teilen wollen. Auch hier wieder: Bleibt die äußere Kulisse weg, ist es auch mit der Freundschaft schnell vorbei. Zu dieser Sparte gehören viele Jugendfreundschaften. Sobald der Schulabschluss in der Tasche steckt, geht man auseinander. Auch bei Sportkameraden verhält es sich häufig so. Wechselt einer den Verein, verabredet man sich noch, Kontakt zu halten. Und dann sind auf einmal zehn, zwanzig Jahre vergangen und man erinnert sich kaum noch an den Namen.

3. Die dritte Art der Freundschaft ist dauerhafter angelegt: Die Freunde sind beieinander, weil es ihnen um die Person des anderen geht. Diese Beziehungen halten in der Regel viel länger als die anderen, denn Werte und Vorstellungen, die ja eine Person ausmachen, wechselt man nicht so schnell wie berufliche Standorte oder Lust auf Party. Die Halbwertzeit von Lebenseinstellungen ist um ein Vielfaches höher als zum Beispiel die Kosten-Nutzen-Kalkulationen eines Beziehungs-Invests.

Ich finde, diese Einteilung trifft es sehr gut – seit über 2.000 Jahren scheint sich da nicht viel geändert zu haben. Echte Blutsbrüder oder -schwestern findet man meist in der dritten Kategorie – aber nicht nur! Auch wenn in den ersten Fällen die Freundschaften eher auf einzelne Lebensabschnitte angelegt sind und das Verfallsdatum schon eingewebt ist, kann es doch sein, dass du nach einiger Zeit mal wieder deinen alten Gefährten triffst und nach den ersten Sätzen schon merkst: Es ist noch genauso wie früher! Und plötzlich weißt du: Da ist eine gemeinsame Lebenseinstellung als Basis, die euch gar nicht bewusst war; das Band war nie zerschnitten. Dass du längst einen Blutsbruder hast, hast du übersehen. Endgültig zementiert wird der Blutsbruder-Status dann, wenn Not am Mann ist. Du rufst einen Kumpel von früher nachts um halb vier an, weil dein Auto gerade auf der Autobahn im Nirgendwo den Geist aufgegeben hat. Was für ein überraschendes Geschenk, wenn er dann einfach nur sagt: »Bin gleich da.«
Eine Überraschung ist auch der umgekehrte Fall: Eine Freundschaft der dritten Art, die für die Ewigkeit ge-

macht schien, erweist sich als nicht tragfähig, wenn es darauf ankommt. Die gemeinsamen Werte und Lebenseinstellungen, Basis jeder Blutsbrüderschaft, haben sich auseinanderentwickelt. Manchmal sind die beschworenen Werte eines Freundes doch nur Lippenbekenntnisse gewesen. Es trifft einen tief, wenn es dann auf einmal vorbei ist mit der Freundschaft. Wenn Klarheit herrscht, weiß man, woran man ist. Pierre Brice verfügte über diese Klarheit. Ihm wurde einmal die Frage gestellt, ob er und Lex Barker, der Darsteller des Old Shatterhand in den Spielfilmen der Sechzigerjahre, Blutsbrüder gewesen seien.[1] Brice antwortete klar und knapp: »Wir waren Freunde, aber keine Blutsbrüder.« Und dann erzählte er, dass er sich einem anderen Schauspieler vom Winnetou-Set wie einem Blutsbruder verbunden gefühlt hatte: Rik Battaglia, der die Rolle des Banditen Rollins spielte. Also genau derjenige, der Winnetou im dritten Teil der Trilogie erschießt. Battaglia war es, der mit Brice zum Beispiel den kritischen Blick auf das Filmgeschäft teilte, nicht Lex Barker.

Blutsbruder und Mörder.

Blindes Vertrauen und voller Einsatz

Dass Blutsbrüder jede Menge private und berufliche Erfolge und vor allem auch ein Mehr an Lebensqualität einfahren, liegt nicht nur daran, dass sie sich kongenial ergänzen. Ein weiterer Faktor kommt noch hinzu: Blutsbrüder geben einander hundertprozentige Rückendeckung. Blind darauf vertrauen zu dürfen, dass Schwächen nicht ausgenutzt werden – was für ein

Luxus! Denn ständig die Flanken bedeckt zu halten, erfordert einen enormen Kraftaufwand. Davon sind nicht nur diejenigen betroffen, die in einem Haifischbecken ihrem Beruf nachgehen. Auch im privaten Alltag kommen Konkurrenzdenken und Missgunst vor, doch einem Blutsbruder kannst du dich bedingungslos öffnen und darfst so sein, wie du wirklich bist.

Goethe sagte einmal über seinen Freund Schiller: »(...) oft hatte ich den Gedanken und Schiller machte die Verse, oft war das Umgekehrte der Fall, und oft machte Schiller den einen Vers und ich den anderen. Wie kann nun da von Mein und Dein die Rede sein!« Die beiden herausragenden Dichterfürsten ihrer Zeit spornten sich gegenseitig zu Höchstleistungen an und rechneten sich ihre Erfolge nicht gegenseitig auf. Denn so ist das bei Blutsbrüdern: Sie führen nicht Buch und sind sich nichts schuldig.

> Echte Blutsbrüder sind sich nichts schuldig.

Ein »Ich hab dir damals aber mal ...« verbietet sich von selbst. Man trägt zum Erfolg des Partners bei und hilft sich bei Bedarf gegenseitig aus der Patsche. Freundschaftsdienste unter Blutsbrüdern sind keine Opfer, sondern Selbstverständlichkeiten.

Ich habe das große Glück gehabt, mehrmals in meinem Leben die Erfahrung machen zu dürfen, dass echte Blutsbrüder für mich sogar persönliche Risiken eingingen. Einmal, das war noch am Anfang meiner Berufslaufbahn, war ich in einem Zweierteam für eine Promotion-Aktion verantwortlich. Ich war für die Kosten zuständig und hatte mich dramatisch verkalkuliert. Mein Fehler. Der erwartete Profit für das Unternehmen blieb aus. Im Gegenteil, wir mussten sogar Geld nachschießen, um die Aktion überhaupt noch zu einem guten Ende bringen zu können. Mein fairer Business-Blutsbruder war sauer, ließ mich aber nicht im Stich. Wir entschlossen uns, den finanziellen Schaden gemeinsam wieder auszubügeln. Die Company war inhabergeführt, und die Gesellschafter interessierte nur das, was am Ende des Jahres rauskam. Wir hatten also noch ein paar Monate Zeit, um das Loch in der Kasse wieder aufzufüllen. Gemeinsam kämpften wir wie die Verrückten, gingen in jeden Pitch. Mit unserem unbändigen Einsatzwillen schafften wir das schier Unmögliche. Bis zum Ende des Jahres erzielten wir sogar ein deutlich besseres Ergebnis als die Planung vorgesehen hatte – trotz des von mir angerichteten Debakels.

Normal wäre es leider gewesen, wenn der Kollege sofort nach Bekanntwerden meines Fehlers alles darangesetzt hätte, um nicht mit in den Misserfolg gezogen zu werden. Doch statt sich von mir zu distanzieren und mich beim Chef zu verpetzen, setzte er alles daran, gemeinsam mit mir die Sache aus der Welt zu schaffen. Damit nahm mein Kollege in Kauf, dass seine Karriere mit einiger Wahrscheinlichkeit ebenfalls einen Knick machen würde. Die Erfahrung, dass wir am Ende *gemeinsam* als Sieger dastanden, war tausendmal mehr wert als der Bonus, den wir am Ende des Jahres dann doch noch bekamen.

One of Three

Diese Geschichte ist ein Beispiel dafür, dass es auch im Beruf Blutsbrüder gibt – auch wenn es manchmal

»nur« Blutsbrüder auf Zeit sind. Solche Gespanne sind selten, es werden aber immer mehr. Denn die Zeichen der Zeit stehen nicht mehr auf Einzelkämpfer. Gefragt sind heute Menschen, die teilen und vertrauen können. Als ich als Redakteur in einer Agentur anfing, war nicht nur in der PR-Branche die Arbeitswelt noch stark auf Platzhirsche mit Highlander-Mentalität getrimmt: »Es kann nur einen geben!« Ich denke da zum Beispiel an die grauenhaften Assessment-Center nach dem Muster »One of three«. Drei Kandidaten wurden an ein Thema gesetzt und alle wussten, dass zwei von ihnen über die Klinge springen würden. Man kann sich das Hauen und Stechen um den Arbeitsvertrag vorstellen. Genau das war ja gewollt: Gnadenlosigkeit ohne Rücksicht auf Verluste. Mit sozialer Kompetenz konnte man im Arbeitsleben zu der Zeit nicht wirklich punkten. Fürs Weiterkommen zählte vor allem Durchsetzungsfähigkeit, neudeutsch: »Straightness«. Wer Karriere machen wollte, musste gegen sich selbst und gegenüber anderen hart sein. Die anderen machten das Spiel mit oder duckten sich weg. Es war auch viel von »Durchpeitschen«, »Kollateralschäden« usw. die Rede. Kein gutes Klima, um Blutsbrüderschaften zu schließen!

Lonesome Cowboys mit Macho-Allüren wird es immer geben. Früher haben sie ein perfektes Biotop vorgefunden, doch heute weht ein ganz anderer Wind: Nur gute Zahlen zu liefern, reicht inzwischen nicht mehr. Das Mono-Thema ist einfach »durch«. Heute wird Wert auf ein echtes Teamwork gelegt. Das tradierte Führungsmodell ist aufgeweicht, viele Hierarchieebenen werden

Gnadenlos und ohne Rücksicht auf Verluste.

nur projektgebunden und damit temporär besetzt. Wer heute noch die Ansage macht, ist morgen dein Kollege oder Mitarbeiter. Auch die zunehmende Transparenz in Unternehmen fördert das Miteinander. Eigentümer und Vorstände achten sehr genau darauf, wie Mitarbeiter ihre Chefs beurteilen und wie hoch die Kündigungsquote ist. Wenn ein Mitarbeiter ausscheidet, wird in umfangreichen Exit-Gesprächen genau untersucht, wie es zu dem Entschluss kam. Sobald die Mitarbeiter auf einmal weniger leistungsbereit sind, häufiger krank werden oder sogar gehäuft zu anderen Unternehmen abwandern, wird die verantwortliche Führungskraft aus dem Spiel genommen, um den Flurschaden in Grenzen zu halten. Ich habe in den letzten Jahren mehrmals mitbekommen, dass fachlich erstklassige Manager auf Druck der Mannschaft den Vertrag nicht verlängert bekamen. »Defizite im Sozialverhalten« hieß es dann hinter vorgehaltener Hand.

Schlechte Zeiten für Desperados.

Diese neue Einstellung zieht sich automatisch durch alle Ebenen. Wenn der Chef ein harter Hund ist, dann fahren auch die Mitarbeiter ihre Ellenbogen aus. Und wenn die Unternehmensführung eine Grundhaltung vorlebt, die Vertrauen zulässt, dann ziehen alle anderen nach – großartige Voraussetzungen für jede Menge Han Solos und Luke Skywalkers. Die Fähigkeit zur Blutsbrüderschaft ist auch eine Generationenfrage. Denn die heute 20-, 30-Jährigen sind ganz anders sozialisiert als die früheren Hardliner. Sie sind mit Airbnb, Carsharing und Crowd-Sourcing aufgewachsen. Sie haben Lust auf Gemeinschaft, nicht auf Buckeln und Klotzen. Ihren Erfolg messen sie daran, dass Menschen mitgenommen werden und sich wohl fühlen. Das bedeutet nicht, dass sie alle in Hängematten herumschaukeln, ganz im Gegenteil: Indem sie Macht und Leadership teilen, stellen sie Erstaunliches auf die Beine. Kleine, wendige Community-Boote sind in der Regel viel erfolgreicher als die alten Hierarchie-Schlachtschiffe.

Zustellbetten im Kinderzimmer

Auch im Privatleben setzt sich die Erkenntnis durch, dass man als Einzelkämpfer nicht weit kommt. Früher konnten in der Regel die Familienverbände ihren Mitgliedern Rückhalt bieten. Doch heute wohnen die erwachsenen Söhne und Töchter aus beruflichen Gründen oft weit weg von ihren Eltern. So kommt es, dass die Alten im Seniorenwohnheim landen, obwohl sie eigentlich noch ganz gut zurechtkommen. Für die berufstätige mittlere Generation wird die Kinderbetreuung zum Problem – es ist niemand da, der mal eben einspringen könnte. Dazu kommt, dass Geschwister zur Mangelware geworden sind, ohne Brüder und Schwestern fehlt aber in Krisenzeiten eine wichtige Anlaufstelle. Das Auseinanderbrechen der Familien macht es also immer mehr zur Notwendigkeit, Blutsbrüder und schwestern zu finden. Dabei lassen sich Katastrophen im Arbeitsleben relativ einfach regeln; wenn es sein muss, mit der Suche nach einem neuen Job. Es sind die Dramen *im privaten Bereich*, die wirklich an die Substanz gehen können, und aus denen man ohne blutsbrüderliche Unterstützung kaum un-

> Es sind die privaten Dramen, die an die Substanz gehen.

beschadet an Körper und Seele herauskommt. Die folgende Geschichte aus meinem Bekanntenkreis ist ein herausragendes Beispiel für bedingungslose Freundschaft. Sie hat mich sehr bewegt und inspiriert.

Bei einer Mutter von zwei Kindern wurde Krebs diagnostiziert, die Chancen standen nicht gut für sie. Man kann sich vorstellen, wie belastend diese Situation für die gesamte Familie war. Sorge und Angst, aber auch die vielen Arzttermine ließen den ganz normalen Familienalltag völlig auseinanderfliegen. Der Familienvater kümmerte sich nun zusätzlich zu seinem Beruf um Kinder und Haushalt, darüber hinaus wollte er natürlich seine Frau so gut wie möglich unterstützen. Wahnsinn, was für ein Pensum er sich auferlegt hatte! Wäre er allein gewesen, hätte es nicht lange gedauert, bis er unter der Last zusammengebrochen wäre. Doch auch in diesem Worst-Case-Szenario gab es den Silberstreif am Horizont: Der Freund des Vaters stand in dieser Krise bombenfest an der Seite seines Blutsbruders. Als wäre es die größte Selbstverständlichkeit, krempelte er sein eigenes Leben völlig um. Zusammen mit seiner Frau stellte er kurzerhand zusätzliche Kinderbetten in die Zimmer der eigenen Kinder. So wurde über Nacht aus seiner eigenen Familie eine Großfamilie, in den Schulferien fuhren sie gemeinsam in den Urlaub. So hatte der Vater wieder etwas Luft für sich, und die kranke Mutter konnte sich ganz auf ihre Gesundung konzentrieren. Tatsächlich schlug die Chemotherapie bei ihr an – nach einem langen, kräftezehrenden Weg wurde sie wieder geheilt. Man kann den Anteil, den der Freund an ihrer Genesung hatte, gar nicht hoch genug einschätzen. Wie soll ein Mensch sich auf den Heilungsprozess konzentrieren, wenn er weiß, dass es daheim drunter und drüber geht, und er sich andauernd darum sorgen muss, was die Kinder gerade machen? Dank des Blutsbruders ihres Mannes wusste die Mutter alles in besten Händen und hatte den Kopf frei für ihren Kampf gegen den Krebs.

Auf den zweiten Blick

Wie viele Blutsbrüder braucht man? Mir persönlich geht es so: Mit zwei, drei wirklich guten Freunden bin ich überschaubar aufgestellt. Es ist schön, wenn mich jemand mag und die Wellenlänge stimmt, aber ich will nicht von jedem geliebt werden, den ich gut finde.

> Blutsbrüder sucht man nicht – sie finden sich.

Sonst käme ich schnell in einen Loveaffair-Overload. Mir genügt die Gewissheit, dass auch dann ein kleiner Kreis bleibt, wenn ich mal nicht mehr *Top of the Choice* bin und die Freunde der ersten und zweiten Kategorie wegfallen.

»Ich schaffe mir jetzt einen Blutsbruder oder eine Blutsschwester an, damit ich in schlechten Zeiten jemanden habe, der mich unterstützt« – das klappt natürlich nicht, denn Blutsbrüderschaft ist die Königsklasse unter den Beziehungen. Einen Blutsbruder sucht man nicht, Blutsbrüder finden sich. Die besten Voraussetzungen dafür lieferst du, indem du dich ganz entspannt zurücklehnst und für Begegnungen offen bist. Dass ich das Glück habe, immer wieder auf Blutsbrüder-fähige Menschen in meinem Leben gestoßen zu sein, liegt zum einen an meinem offenen Wesen. Ich komme mit jedem ins Gespräch – mit dem Straßenmusikanten, der freundlichen alten Dame auf dem Sitzplatz gegenüber in der Bahn, mit Zuhörern nach meinen Vorträgen. Es ist eigentlich ganz simpel: Um zu erkennen, dass dich etwas mit einem anderen Menschen verbindet, musst du ihn erst mal kennenlernen.

Es gibt aber noch einen zweiten Grund dafür, dass ich mich mehreren Blutsbrüdern verbunden fühlen darf: Ich habe in meinem Leben keine großen Kehrtwendungen gemacht; im Grunde meines Herzens kannst du sogar immer noch das Kind erkennen, das ich mal war. Wer dagegen auch im reifen Erwachsenenalter von dreißig, vierzig Jahren immer noch nicht zu sich selbst gefunden hat und sich ständig neu ausprobieren muss, stößt seinen Partner öfter vor den Kopf, als es einer Partnerschaft gut tut. In Ehen, die Gold-Status erreichen, ist es genauso: Um fünfzig Jahre gerne miteinander zu leben, muss es sich schon um zwei stabile Persönlichkeiten handeln. Wenn zur Geradlinigkeit auch noch Beharrlichkeit und Gelassenheit dazukommen, dann ist der Weg frei für eine Freundschaft, die Jahrzehnte anhält.

Aus Feinden werden Blutsbrüder.

Übrigens: Wenn zukünftige Blutsbrüder zum ersten Mal aufeinandertreffen, dann singen keine Engel und die Erde bebt auch nicht. Oft merkst du gar nicht, dass du deinem Seelenverwandten erstmals gegenüberstehst. Erst nach einem gewissen Entwicklungsprozess geht beiden ein Licht auf. Eingefleischte Karl-May-Fans wissen, dass Winnetou und Old Shatterhand nicht nur aus zwei völlig verschiedenen Kulturkreisen kamen, sondern bei ihrer ersten Begegnung sogar Todfeinde waren. Ein Mord hatte den Stamm der Apachen gegen die Bleichgesichter aufgebracht. Doch wenn zwei Menschen gleich ticken, dann überwindet der Magnetismus alle Grenzen. Das ist auch im realen Leben so. William Shatner, dem Darsteller des Captain Kirk in der Serie *Star Trek*, passte es nicht, dass Leonard Nimoy als Spock bei den Fans viel beliebter war als er. Schließlich war Spock nur als Sidekick angeheuert worden; der Star sollte Shatner sein. Dies war nur einer der Gründe, warum die beiden am Set öfter aneinander rasselten. Aber das änderte sich – aus Shatner und Nimoy wurden beste Freunde. Gemeinsam setzten sie sich gegen die Produzenten der Serie durch und standen sich in privaten Mega-Krisen bei. William Shatner sagte einmal: »Ehrlich gesagt, bevor Leonard und ich eine Beziehung aufbauten, hatte ich nie einen wahren Freund; ich wusste nicht mal, was ein Freund war.«[2]

Das zerschnittene Band

Blutsbrüder und -schwestern genießen intensiv die Zeit, die sie miteinander verbringen, aber sie müssen nicht gleich ihr ganzes Leben miteinander teilen. Sie sind ja keine Siamesischen Zwillinge. Zwischen einzelnen Treffen können Jahre vergehen. Es genügt, alle paar Wochen oder Monate mal ein Lebenszeichen zu senden und sich über Änderungen im Leben auszutauschen. Das macht notwendige Nachjustierungen möglich, denn Menschen entwickeln sich weiter. Hochzeiten, Kinder, neuer Job, Erfolge, Niederlagen ... Auch der beste Freund verliert den Anschluss, wenn er von diesen Dingen nichts erfährt. Offene Kommunikationskanäle sind aber auch aus einem ganz anderen Grund wichtig: Blutsbrüder müssen im Fall der Fälle einen Notruf absetzen können.

Trotz aller Vertrautheit kann eine Blutsbrüderschaft auch enden. Manchmal liegt der Grund darin, dass Menschen sich in unterschiedliche Richtungen entwickeln und sich irgendwann die gemeinsame Basis als nicht mehr tragfähig erweist. Dann kommt es darauf an, einen guten Schlusspunkt zu setzen. Ich denke da zum Beispiel an die beiden Blutsschwestern, die sich einen Traum erfüllten: ein gemeinsames kleines Hotel mit ambitionierter Küche. Die eine der beiden, ich nenne sie hier Sabine, war Event-Managerin und eine frühere Mitarbeiterin von mir. Sie hatte eine abgeschlossene Ausbildung als Hotelfachfrau und in internationalen Top-Häusern gelernt. Endlich wagte sie den Sprung und machte mit ihrer allerbesten Freundin, einer gelernten Köchin, ein eigenes Hotel auf. Sabine machte die PR und sorgte mit Geschick dafür, dass der Laden lief und die Mitarbeiter sich genauso wohl fühlten wie die begeisterten Gäste. Die Freundin stand in der Küche und zauberte erlesene Speisen für die Gäste. Es lief gut, bis die Freundin irgendwann nicht mehr nur am Herd stehen wollte. Also stellten sie einen Koch ein und die Partnerin war nun für das Personal im Hotel zuständig. Aber das ging nicht gut. Die Mitarbeiter kamen mit der rauen Art der ehemaligen Küchenchefin nicht zurecht und kündigten scharenweise. Es kam zum bitteren Streit. Das Ganze endete in einem juristischen Krieg, und weil jede die

Ein Notruf im Fall der Fälle.

Schwächen der anderen nur allzu gut kannte, wurden tiefe Wunden geschlagen. Das Hotel musste schließlich verkauft werden. Die Anwalts- und Gerichtskosten verschlangen alles, was die beiden sich gemeinsam erarbeitet hatten.

Sabine arbeitet jetzt wieder in einer Event-Agentur. Das Scheitern ihres Lebenstraumes und das finale Zerwürfnis mit ihrer ehemaligen Blutsschwester hat Spuren hinterlassen. Hart ist sie geworden und das gibt sie auch unumwunden zu. Erst mit zeitlichem Abstand erkannte sie, dass sie damals mit dem Wunsch ihrer Freundin nach Entwicklung nicht zurechtgekommen war. Zu schnell hatte sie über ihrer Partnerin den Stab gebrochen. Damit war auch der Weg versperrt, gemeinsam an einer Lösung zu arbeiten. Sie hätten zum Beispiel versuchen können, die Freundin für ihren neuen Aufgabenbereich durch Schulungen zu qualifizieren. Als der Bruch da war, war es zu spät. Schaffen es zwei Blutsbrüder, ihre ins Rutschen gekommene Freundschaft zu retten, stehen sie hinterher umso fester zusammen. Jede gemeinsam bewältigte Krise stärkt das Band zwischen ihnen. Die Differenzen zwischen Sabine und ihrer Freundin hätte man vielleicht rechtzeitig kitten können. Bei der folgenden Geschichte war das allerdings nicht möglich.

Ich hatte vor vielen Jahren einmal einen sehr guten Freund, nennen wir ihn Robert. Zusammen mit unseren Ehefrauen waren wir ein unschlagbares Viererteam. Wir hatten kleine Kinder in ähnlichem Alter, gemeinsame Werte und Vorstellungen vom Leben. Alles passte. Sechs Jahre lang trafen sich mal die Frauen, mal Robert und ich, und mal alle vier. Miteinander verbrachten

Als der Bruch da war, war es zu spät.

wir die schönsten Urlaube. Und dann kam der Schock: Durch einen blöden Zufall sah ich Robert eines Tages aus einem Hotelaufzug kommen – mit einer Freundin am Arm. Die Situation war eindeutig, da halfen auch die lahmen Erklärungsversuche der beiden nichts. Das war eine sehr unangenehme Situation, ein ganz dunkler Moment in meinem Leben. Wenn Eheleute einander untreu werden, ist das natürlich nicht mitteilungspflichtig. Doch meine Freundschaft mit Robert fußte ja genau auf der Auffassung, dass die Familie über alles geht. Indem Robert klammheimlich seine Frau betrog, verriet er genau die Werte, die uns verbunden hatten.

> Zwei Jahre Lug und Trug sind nicht heilbar.

Wenn es nur ein einmaliger Ausrutscher gewesen wäre, wer weiß – vielleicht hätten wir alle zusammen diesen Schlag überstehen können. Es ist verzeihlich, wenn einen die Liebe erwischt, aber dann muss man mit offenen Karten spielen. Man kann sich auch trennen, aber bitte sauber. Robert hatte einen anderen Weg gewählt. Schnell kam heraus, dass er und seine Freundin schon seit zwei Jahren eine Beziehung hatten. Der Vertrauensverlust war irreparabel. Es folgte eine unschöne Trennung des Ehepaares, und auch meine Blutsbrüderschaft zu Robert ist kaputt gegangen. Ich habe das immer sehr bedauert, doch es gab keine Alternative. Zwei Jahre Lug und Trug sind nicht heilbar.

Die große Enttäuschung mit Robert ist mir jahrelang nachgegangen. Ich dachte tatsächlich, dass unsere Freundschaft unzerstörbar sei. Bei allen gemeinsamen Check-ups war nie sichtbar geworden, dass Robert nicht das war, was er zu sein schien. Das Fazit aus dieser Erfahrung ist ein gesunder Realismus: Man kann nie sicher sein. Es ist ganz normal, wenn man auch mal enttäuscht wird. Ich finde das gar nicht schlimm. Jesus hatte zwölf Jünger, und einer von ihnen hat ihn verraten. Ich finde, das ist auch für uns Normalsterbliche eine durchaus akzeptable Ausfallquote.

Nach der bitteren Erfahrung mit Robert wäre es ein großer Fehler gewesen, sich nun aus Enttäuschung einen Schutzpanzer anzulegen und auf Nummer sicher zu gehen. Ich gab Menschen auch weiterhin Vertrauensvorschuss und gewann so neue Freunde. Sogar ein Blutsbruder war darunter: Klaus.

»Ein Freund, ein guter Freund ...«

Klaus war ein Lebenskünstler, wie ich selten einen getroffen habe. Er liebte das Leben und genoss es in vollen Zügen. Das hat uns verbunden. Unsere schönsten gemeinsamen Momente hatten wir in Son Macia im Osten der Insel Mallorca. Dort saßen wir wie zwei Indianerhäuptlinge zusammen auf dem höchsten Plateau und blickten in den Sonnenuntergang, tranken ein San-Miguel-Bier oder einen Rioja und redeten. Oder wir schwiegen miteinander. Später, als meine erste Frau und ich uns scheiden ließen, zerbrachen viele Freundschaften. Aber mein Blutsbruder Klaus ritt weiter treu an meiner Seite. Sein unbestechlicher Rat half mir beruflich und privat, wieder in die Spur zu finden.

Es gehört zur Tragik großer Freundschaften, dass sie durch den Tod eines der Protagonisten beendet werden. Klaus hatte eine Herzkrankheit. Er wusste, dass er irgendwann an ihr sterben würde. Umso intensiver lebte er. Das meist gebrauchte Wort unserer Freundschaft lautete »Wunderbar«. Klaus sprach es vorne mit einem langgezogenen »u« und hinten mit einem ebenso langgezogenen »a« aus: »Wuuunderbaaar«.So schrieb ich es auch in den SMS, die wir uns schrieben. Mehr musste man sich zum Bild eines Sonnenuntergangs oder nach einem schönen Wochenende nicht morsen – damit war alles gesagt und das gemeinsame Gefühl sofort da. Bei seiner Beerdigung in der vollbesetzten Kirche beendete ich meine Trauerrede mit dem Satz: »Leb wohl mein Bruder, du warst und bleibst für uns alle einfach wuuunderbaaar.«

Leb wohl, mein Bruder!

KAPITEL 2
OHNE STAMM KEIN HÄUPTLING

···

Die Familie, in die du hineingeboren wirst, gibt dir Rückendeckung und sichert so dein Überleben. Aber auch in Beruf und Freizeit bist du Clanmitglied – hier darfst du dir deine Zugehörigkeiten sogar ganz nach deinen Neigungen und Fähigkeiten aussuchen. Dein wichtigster Job ist es, für jede Facette deines Lebens den richtigen Stamm zu finden. Nur so wird dein Leben rund.

Als meine Familie noch in Rio de Janeiro wohnte, waren wir Kinder immer im Trupp unterwegs. Er bestand aus meinem Freund Georg und seiner Schwester Susanne, meinen Geschwistern Hilke und Ulf sowie meiner Wenigkeit. Ein Hund namens Jolie komplettierte die »Fünf Freunde«. Wir Kinder besuchten die Escola Corcovado, gleich unterm Zuckerhut; Georg war zwei Klassen über mir – groß, blond und stark. Wenn andere Kinder uns Stammeskameraden piesacken wollten, musste er sich vor ihnen nur aufbauen. »Lasst meine Freunde in Ruhe«, sagte er dann, oder: »Der Frank gehört zu mir« – und schon zogen die bösen Buben ab. Es verging kaum ein Tag, an dem wir nicht zu fünft als Indianer durch die Gegend schlichen oder Ritter spielten. Am schönsten waren die brasilianischen Sommer. Die Schulferien dauerten zwei Monate und unsere Familien flüchteten vor der Hitze der Millionenmetropole in die Berge von Teresopolis. Hier waren wir umgeben von wilder Natur und unsere kindliche Kreativität lief zur Höchstform auf. Wir bauten Bambushütten und Seifenkisten und jagten mit Hilfe sorgfältig am Rand angekokelter Schatzkarten nach Spielzeug-Goldmünzen. Wir waren ein perfekter Stamm, denn wir hielten zusammen wie Pech und Schwefel und machten gemeinsam unsere Kinderträume wahr.

Als Alien in Otterndorf

Als meine Familie von Brasilien zurück nach Deutschland zog, kannte ich in unserer neuen Heimatstadt Otterndorf keinen einzigen Menschen. Die Nachbarschaft in Rio war unser Stammesgebiet gewesen, und nun hatte es mich und meine Geschwister in fremdes Territorium verschlagen. Kann es einen größeren Unterschied geben als den zwischen Copacabana und Nordsee? Mein erster Eindruck der neuen Heimat: Grau, Regen, Wind. Ich erinnere mich noch gut daran, wie meine Mutter mit mir und meinen Geschwistern nach Bremerhaven zu C&A fuhr, um uns »vernünftige« Winterjacken zu kaufen. Gefütterte Jacken? Es kam uns vor, als würden wir in Astronautenanzüge gesteckt. Otterndorf war für uns wirklich der Mond, und wir hatten nicht die geringste Ahnung, welche Spielregeln hier galten.

Nur wenige Tage nach unserer Ankunft in Otterndorf war Schulbeginn. Auf mich wartete das Vortanzen als »der Neue« vor einer wildfremden Klasse. Meine Begeisterung hielt sich in Grenzen. Ich war neun Jahre alt, fühlte mich entwurzelt und sehr, sehr einsam. Aber

Entwurzelt an der kalten Nordsee.

dann nahm die Natur ihren Lauf und es ging alles wie von allein.

Wenn du irgendwo ganz neu anfangen musst, sind alle deine Systeme darauf gepolt, möglichst schnell aus dem Einzelgänger-Status wieder herauszukommen. Der Autopilot in dir weiß genau, dass du nur mit Anschluss an eine Gemeinschaft eine Chance hast – das war schon bei den Höhlenbewohnern so und ist heute bei neuen Klassenkameraden und Erwachsenen an ihrem ersten Arbeitstag nicht anders. Als Newcomer screenst du erst mal, was es für Angebote in deiner neuen Umgebung gibt: Welcher Stamm passt zu mir?

Sofort war mir klar: Das sind meine Leute!

In der Otterndorfer Schule gab mir der Pausenhof den nötigen Überblick. Da waren diejenigen, die Fangen spielten, in irgendeiner Ecke war Gummitwist angesagt, gleich daneben wurden Panini-Fußballbildchen getauscht ... Ein paar Gruppen konnte ich gleich abhaken, zum Beispiel die Reiterfraktion. Stundenlang Pferde striegeln ist nicht mein Ding. Ich weiß es nicht mehr genau, aber wahrscheinlich sind mir Olaf und Christof gleich am ersten Tag aufgefallen. Sofort war mir klar: *Das* sind meine Leute!

Rücke vor bis auf Los

Gleiche Leidenschaften, gleiche Ziele und gleiche Wellenlänge sind der Kitt, der einen Stamm zusammenhält. Die Leidenschaft, die Olaf, Christof und ich teilten, hieß Monopoly. Fast jeden Tag hockten wir bei einem von uns dreien im Zimmer und spielten einen Durchgang nach dem anderen. Wenn einer von uns pleite und vom Brett gefegt war, musste er warten, bis die anderen beiden fertig waren, und dann ging es wieder zu dritt von vorne los. Völlig irre! Erst wenn abends um neun die Eltern anriefen, konnten wir uns vom Spielbrett losreißen. Weil wir von Monopoly nicht genug bekamen, wurden wir auch einander nicht müde. Egal, bei wem von uns dreien wir uns zum Spielen trafen, wir waren immer zu Hause. Es war eine wunderbar unbeschwerte Zeit, in der es nur um Spielgeld ging und die einzige Entscheidung, die wir uns abverlangten, lautete: »Sollen wir heute zur Abwechslung mal Risiko spielen?« Gemeinsame Interessen schaffen Nähe, und Nähe sorgt für Vertrauen, Verlässlichkeit und ein tiefes Zusammengehörigkeitsgefühl. Bei den alten Indianerstämmen lautete das gemeinsame Interesse: überleben. Auch Olaf, Christof und ich waren ein Stamm. Monopoly war für uns der perfekte Ausgleich zur Schule. Wenn wir um Parkstraße und Schlossallee kämpften, hatten wir Spaß, vor allem aber hatten wir Ruhe vor Mathe und Mädchen. Aus unserem Zusammensein schöpften wir die Kraft, auch mal auf eigene Faust loszugehen und uns in andere, unbekannte Gebiete vorzuwagen. Denn jeder von uns wusste: Im Notfall sind die beiden anderen Stammesmitglieder für mich da, sie decken meinen Rückzug. Wenn meine Erkundungstouren anders verlaufen, als ich mir das vorstelle, spielen wir einfach wieder eine Runde Monopoly.

Dein Stamm ist deine Wagenburg.

Dein Stamm ist deine Wagenburg. Das funktioniert aber nur in der realen Welt. Virtuelle Stämme wie Facebook und Co. können diese Verbundenheit und Geborgenheit nicht bieten. Wie soll das auch gehen, wenn man in den digitalen Netzwerken dem Gegenüber nur das zeigen muss, was man zeigen will? Bei Olaf und Christof bekam ich ungefiltert mit, wie die beiden ticken. Bei Olaf352 und CaptainChris24 wäre das nicht der Fall gewesen.

Analoge Nähe zählt, trotzdem müssen die Stammesmitglieder nicht dauernd aufeinander hocken. Da war zum Beispiel der »All Agency Day« von Henkel, für den wir uns in der Agentur erfolgreiche Promotions für Persil ausdachten. Einmal im Jahr kamen Vertreter aller Agenturen zusammen, die in verschiedenen Disziplinen für die Marke arbeiteten. Viele trafen sich an diesem Tag erstmals live, zuvor war die Abstimmung lediglich per Mail oder Telefon erfolgt. An diesem Tag wurden Ideen ausgetauscht, aber wir hatten auch Spaß miteinander – beim Wäscheaufhängen-Wettlauf blieb kein Auge trocken. Wenn sich am nächsten Abend die Stammesmitglieder wieder in alle Winde verteilten, war ein verbindender Spirit entstanden, der die Zusammenarbeit für das folgende Jahr persönlicher und damit besser machte.

Jedes Jahr am Lagerfeuer namens Weihnachtsbaum.

Auch viele Familien leben in aller Welt verteilt und kommen nur am Lagerfeuer namens Weihnachtsbaum vollzählig zusammen. Weil man sich gut kennt und in der Zwischenzeit den Kontakt gehalten hat, funktioniert der Zusammenhalt auch, wenn die Geschwister nicht im Nachbardorf oder in Berlin wohnen, sondern in Schanghai und Buenos Aires. Der einzige Nachteil: Im Notfall stehen sie statt nach drei oder vier Stunden erst am nächsten Tag zum Schulterschluss vor der Tür. 33

Dank der modernen Kommunikationsmöglichkeiten braucht ein Stamm kein dauerndes Händchenhalten mehr. Was ein Stamm aber braucht, ist ein gemeinsames Lager. An diesem magischen Ort, der gleichzeitig Startbasis für Entdeckungsreisen und heimeliger Rückzugsort ist, treffen alle Stammesmitglieder zusammen. Das kann eine Firmenzentrale sein, ein Vereinsheim oder auch eine Hütte in den Bergen. Bei uns Behrendts war das Stammeslager die »Bärenburg«.

»Der gehört zu uns!«

Das Familienwappen der Behrendts ist ein aufrechter Bär auf dunkelblauem Grund, seit Generationen ziert er die Siegelringe unserer Familie. Und unser Blaues Haus in Otterndorf, gebaut von meinem Vater, war unsere Bärenburg. Von diesem sicheren Ort aus gingen wir Kinder in die Welt hinaus und starteten unsere Unternehmungen, hierher kamen wir zurück, um gemeinsam zu beraten und Energie aufzutanken. Wenn die Familie sich am Kamin im Wohnzimmer versammelte, gaben nicht nur die selbstgehackten Holzscheite wohltuende Wärme von sich. Und am runden Tisch im Esszimmer gab es für jedes vermeintliche Problem eine Lösung. Noch heute kommen wir Geschwister gerne in die Bärenburg zurück.

Unser Stammeslager gab uns Sicherheit, das heißt aber nicht, dass hier reine Harmonie herrschte. Ganz im Gegenteil! In der Bärenburg ging es zu wie im Tollhaus: Streitereien unter uns Kindern, Krach mit den Eltern wegen mangelnder Schulleistungen, das leidige Thema

»Helfen im Haushalt« ... Im Vergleich zu den heißen Diskussionen am Familientisch ist ein Assessment Center ein Kindergeburtstag. Stammesoberhäupter haben nun mal klare Vorstellungen, was dem Stamm gut tut. Und wenn der Oberhäuptling alias Vater »wohlgemeinte Hinweise« gab, war man als junger Krieger schon mal beleidigt. Aber am Ende versöhnten wir uns wieder.

Da waren zum Beispiel die Beratungen darüber, ob ein Kandidat im Stamm willkommen geheißen werden sollte. Bevor wir Geschwister fündig geworden waren mit einem Langzeitpartner, stellten wir so manchen Freund und manche Freundin den Eltern vor. Es gab dann Kaffee, Kuchen und Smalltalk. Und hinterher tagte das Familiengericht. Einmal hatte ich eine Freundin, die schon zwei Kinder hatte; ich war zwanzig, sie dreißig. Da ist mein alter Herr steil gegangen; mein Argument »Alter ist doch nur eine Zahl« wurde weggefegt. Er wusste aus Erfahrung, dass Lebensgefährten im selben Kosmos zu Hause sein sollten. Meine Mutter war entgegenkommender. »Gib dem Mädel doch mal eine Chance«, sagte sie. Beide hatten Recht. Wenn es um Neuzugänge im Stamm geht, ist Toleranz selbstverständlich. Dass die Kombination jüngerer Mann/ältere Frau sehr erfolgreich sein kann, zeigt das französische Ehepaar Macron. Es ist aber auch völlig in Ordnung, wenn Stammesobere und andere Mitglieder unbequeme Fragen stellen. Denn wenn mit einem Neuzugang auch abweichende Werte und Erwartungshaltungen Einzug im Stamm halten, ist das Sand im Getriebe. Aber auch für den neu Hinzukommenden kann sich der Stamm als der falsche erweisen. Für beide Seiten gilt: erst mal he-

> Dagegen ist ein Assessment Center ein Kindergeburtstag.

rantasten, zuhören, Erfahrungen sammeln – und dann entscheiden, ob das Matching stimmt.

»Schweinsteiger? Kenn ich nicht!«

Im Beruf und im privaten Umfeld bin ich immer wieder auf Menschen gestoßen, die sich über ihren Außenseiterstatus beklagten. Anders gesagt: Sie beschweren sich, dass kein Stamm sie aufnehmen will. Das hört sich nach ungerechter Ausgrenzung an. Meiner Erfahrung nach liegt die Sache meist ein wenig anders. Nicht die anderen machen einen zum Außenseiter, sondern man selbst. Wer sich für Sumo-Ringen begeistert, muss damit rechnen, dass er niemanden findet, der sich mit ihm nachts um drei Uhr Sumo-Übertragungen anschaut. Statt sich in so einem Fall als beleidigte Leberwurst zurückzuziehen, darf man ein wenig Flexibilität zeigen und sich die Gemeinschaft in seinem Umfeld suchen, in die man am ehesten hineinpasst. Den 100-Prozent-Stamm gibt es nur selten.

Leider stellen sich so manche Außenseiter extra dumm, wenn es um mehrheitskompatible Themen geht. Auch wenn klar ist, dass sie zum Beispiel mit dem Thema Fußball sofort Gleichgesinnte finden würden, tun sie so, als hätten sie keine Ahnung. Sie sind ignorant und auch noch stolz darauf.

Ignorant und auch noch stolz darauf.

Im Grunde gefallen sie sich in ihrer Alle-sind-gegen-mich-Haltung und fühlen sich in der leidenden Rolle ganz wohl. Das soll jeder so halten, wie er mag, aber dann bitte nicht meckern! Meist liegt solchen Inkompatibilitäten die Erwartung zugrunde, dass die anderen auf einen zukommen müssen. Aber so funktioniert das nicht. Der Stamm verteilt keine Rollen, du musst dir deine Rollen suchen. Ich bin kein begnadeter Zauberer am Ball und zum Schiri hats auch nicht gereicht. Trotzdem war ich im Fußballverein. Einfach weil fast alle Jungs aus meiner Klasse im Club waren. Ich durfte den Fußball zum Spiel tragen, den Rest der Zeit saß ich meist auf der Bank. Hauptsache, ich war dabei.

Und genau das ist das Geheimnis: Der Stamm gibt dir eine Heimat, aber du musst auch deinen Beitrag leisten. Wenn Aufgaben verteilt werden, ist es höchst unsozial, sich immer wegzuducken. Jeder ist mal dran. Wer schon mal bei einem Elternabend war, kennt das Spiel. Sobald es heißt: »Wer schreibt das Protokoll?«, schauen alle ganz angestrengt auf ihr Handy. Dabei ist es doch ganz einfach: Du hast ein Kind, du gehst zweimal im Jahr zu einem Treffen der Kindergartengruppe oder Grundschulklasse. Du teilst mit den anderen den Wunsch, den Kindern das bestmögliche Lernumfeld zu bieten. Damit seid ihr eine Interessensgemeinschaft, die sich zweimal im Jahr im Stammeslager auf viel zu kleinen Stühlchen versammelt. Ich hebe regelmäßig die Hand, wenn es Organisatorisches zu erledigen gibt. Meine Nachbarin hat jahrelang die Freunde ihrer Kinder nach dem Nachmittags-Sport nach Hause gefahren. Andere sind gut darin, den Schulgarten von Unkraut zu befreien oder als Elternvertreter überregional Politik zu machen.

Man muss nicht immer warten, bis man gebeten wird. Wenn du Kinder hast, kennst du den großen Traum aller Eltern, dass sich die Kinder aus eigenem Antrieb an den Familienaufgaben beteiligen. Freiwillig sagen sie: »Ich mähe jetzt den Rasen«, »Wir hatten keine Milch mehr, ich hab welche eingekauft« oder: »Ich geh mit dem Hund raus, der muss mal ...« Wie sollen Kinder das schaffen, wenn es schon die Erwachsenen nicht auf die Reihe bekommen? Es ist ein Zeichen von echtem Erwachsensein, ein Auge dafür zu haben, was gerade gebraucht wird und kleine Aufgaben ganz von allein zu übernehmen. Dein Lohn wird sein, dass du immer mittendrin bist, statt Zaungast am Rande zu sein, wo dich die Wärme des Lagerfeuers nicht erreicht.

Mittendrin statt Zaungast.

Stamm auf Zeit

Ich spielte Monopoly und Fußball, sammelte Panini-Fußballbildchen und wurde Mitglied im Ruderverein TSV Otterndorf. So viele Stämme gleichzeitig? Geht das denn? Natürlich geht das. Es sind sogar noch viel mehr Stämme, in denen du Mitglied bist. Schon allein deswegen, weil es Ober- und Unterstämme gibt, die ähnlich einer russischen Matroschka ineinander verschachtelt sind. Die Menschen, mit denen du die Werkstatt oder das Büro teilst, deine Abteilung, dein Unternehmen, dein Konzern – alles deine Stämme, nur auf unterschiedlichen Ebenen. Je näher dir die Menschen sind, desto verbindlicher ist der Umgang miteinander und desto größer sind die gegenseitigen Erwartungen. Auch auf Konzernebene gibt es offiziell gemeinsame Interessen und Werte, ob sie aber tatsächlich in allen Verästelungen des Stammes Gültigkeit haben und ein positives Stammesgefühl vermitteln, ist die Frage.

Genau so war es auch schon zu Zeiten der Apachen. Alle Mitglieder dieses Indianerstammes einte ihre gemeinsame Sprache und ihre gemeinsame Kultur. Doch Apache war nicht gleich Apache. Es gab die Chiriguais-Apachen, die Jicarilla-Apachen, die Mescalero-Apachen, zu denen auch Winnetou gehörte, und viele Unterstämme mehr. Jeder Unterstamm bestand wieder aus vielen Gruppen. Zu den Mescaleros zum Beispiel gehörten unter anderem die *Rock House People*, die *Big Water People* und die *No Water People*. Die Gruppen wiederum setzten sich jeweils aus Verbänden mehrerer Familienclans zusammen, die in gemeinsamen Lagern lebten und zusammen auf Jagd gingen. Von Indianerdorf zu Indianerdorf gab es gewisse Unterschiede. Zwischen Mescaleros und Jicarillas waren die Unterschiede noch größer. Manchmal bekriegten sich die lokalen Stämme sogar gegenseitig. Doch wenn die Erzfeinde, Kiowas und Komantschen, auf Apachen-Territorium vorrückten, hielt man zusammen.

Stammeszugehörigkeiten waren und sind aber nicht nur ineinander verschachtelt. Auch der Wechsel in einen völlig neuen Stamm ist möglich. Bekanntestes Beispiel bei Karl May ist Klekih-petra, der »Weiße Vater«. Er ist der alte Lehrmeister Winnetous und Wegbereiter der Freundschaft zwischen seinem Schüler und Old Shatterhand. Der weise Alte stammte wie Old Shatterhand aus Deutschland. Nach den Unruhen von 1848 sagte er sich von seinem Heimatland los und fand im Wilden Westen bei den Apachen seinen neuen Stamm. Als Klekih-petra sich mit Rattler anlegt, der die Apachen um ihr Land betrügen will, ruft der Bösewicht ihm zu:

»Das tue ich, denn ich bin ein Apache.«

»Was geht das Euch an! Schert Euch nicht um fremde Angelegenheiten, sondern um die Eurigen.« Klekih-petras Antwort ist deutlich: »Das tue ich auch, denn ich gehöre zu den Mescalero-Apatschen.«[3]

Vor 150 Jahren war der Wechsel einer Stammeszugehörigkeit noch sehr ungewöhnlich. Eigentlich galt: einmal Weißer, immer Weißer. Heute ist vor allem im Beruf der Übergang von einem Stamm zum anderen ganz normal geworden. Alle paar Jahre entscheidest du wieder neu, in welchen Stamm du aufgenommen werden willst. Das betrifft nicht nur die Wahl des Arbeitgebers, sondern auch die Entscheidung, welchem der vielen Unterstämme des Unternehmens deiner Wahl du dich anschließt. Damit meine ich nicht nur zum Beispiel den Stamm der Einkäufer, den der Controller oder den der Assistenten; diese Zugehörigkeiten ergeben sich von selbst. Ich meine die Entscheidung, ob du dich dem Dienst-nach-Vorschrift-Stamm anschließt oder dem Stamm der Zu-kurz-Gekommenen. In Unternehmen ab einer bestimmten Größe gibt es sogar mit ziemlicher Sicherheit den Abrissbirnen-und-Querschläger-Stamm. Meiner Erfahrung nach ist aber die Lebensqualität an den Lagerfeuern der positiven Performer, die sich mit Freude für ihren Stamm einsetzen, am größten.

Ein Stamm braucht Talente, keine Klone.

Auch der Stamm muss schauen, wer da um Aufnahme bittet, für beide Seiten ist so eine Entscheidung zukunftsbestimmend. Deshalb ist Recruiting für mich eine Königsdisziplin. Ich habe in meiner bisherigen Karriere mit einigen tollen Personalern zusammengearbeitet. Wenn wir bei Kaffee und Keksen über die Besetzung offener Stellen berieten, stand das Thema Soft Skills ganz oben auf der Liste. Dass Neuzugänge fachlich was draufhaben müssen, ist sowieso klar; dieser Teil lässt sich durch die Lebensläufe und Zeugnisse relativ einfach ermitteln. Viel schwieriger ist es herauszufinden, ob der Kandidat zum Stamm passt. Gesucht sind nicht Abziehbilder derer, die schon da sind, sondern Persönlichkeiten, die mit Respekt und Teamgeist in eine Gemeinschaft hineinwachsen und die vorhandenen Fähigkeiten ergänzen. Denn ein Stamm braucht keine Klone, sondern Charakterköpfe, die ihn mit Ideen und Talenten voranbringen. Hundert Büffeljäger kommen nicht weit, wenn keiner da ist, der gute Pfeile herstellen kann, und auch niemand, der die Häute der erlegten Tiere zu wärmenden Decken verarbeitet.

Doppel- und Viererspitzen

Auch Stämme werden geboren. Das Ur-Beispiel ist die Gründung einer Familie: Zwei tun sich zusammen, weil sie ähnliche Vorstellungen vom Leben haben. Wenn sie Kinder bekommen, geben sie ihre gemeinsamen Erwartungen, Perspektiven und Leidenschaften dem Nachwuchs mit auf den Weg. Die Kinder nehmen all dies ganz selbstverständlich auf und orientieren sich an den Werten ihrer Eltern. Es entsteht eine Zusammengehörigkeit, die tiefer geht als die der vorübergehenden Interessensgemeinschaften im Beruf. Es muss viel passieren, bis Stammesbeziehungen zwischen Eltern und Kindern, Schwestern und Brüdern kaputtgehen. In der Regel trägt dich der Schutz deiner Familie durch dein ganzes Leben. 41

In der Arbeitswelt entsteht ein Stamm auf ganz ähnliche Weise, zwei Unterschiede gibt es allerdings. Erstens: Hier sind die Bindungen nicht für die Ewigkeit gemacht. Zweitens: Nicht zwei Menschen bilden die Start-Crew, sondern meistens drei bis vier. Diese *first four* bilden den Kern des neuen Stamms. Weil ich schon früh Führungsverantwortung übernehmen und mir oft für die Eroberung neuer Geschäftsfelder meine Teams zusammenstellen durfte, war ich in dieser Viererkonstellation meist die Nummer eins. Um das Quartett voll zu machen, suchte ich nach Leuten, die ich von früher kannte. Das hatte den Vorteil, dass Grundsatzdiskussionen nicht nötig waren; jeder wusste schon vom anderen, wie er tickte. Während ich draußen auf der Jagd war, um neue Aufträge an Land zu ziehen, sorgte ein Projektleiter als zweite Kraft dafür, dass im Stammeslager gut gelaunt gearbeitet wurde. Gerne habe ich eine erfahrene weibliche Führungskraft an meiner Seite eingesetzt, denn ein gemischtes Duo bietet mehr Facetten und lässt eine lähmende Monokultur erst gar nicht aufkommen. Der dritte im Bunde sorgte für die operative Exzellenz der Tagesarbeit und lernte neue Stammesmitglieder an, damit der Stamm wachsen konnte. Und dann war da noch der Vierte – ein junger Wilder, hoch talentiert, frech, mit ungewöhnlichen Ideen und absoluten Macher-Qualitäten. Gerade in der Startphase, wenn es noch keine Assistenten, Office Manager etc. gibt, brauchst du jemanden, der nicht lange fackelt, sondern einfach mal loslegt. Wenn Büromaterial fehlt, besorgt er es. Und wenn die Technik streikt, läuft er mit einem Tablet voller Donuts rüber ins Nachbargebäude, wo die IT-

Die »First Four« setzen den Kurs.

Start-ups sitzen. Ein kommunikativer, aufgeweckter Youngster regelt so etwas, ohne das Wort »Problem« auch nur in den Mund zu nehmen.

Diese vier setzen den Kurs und bestimmen die Umgangsformen. Bei der internen Kommunikation zum Beispiel gibt es Riesen-Unterschiede. In manchen Stämmen wird viel rumgebrüllt, in anderen legt man Wert auf einen höflicheren Ton, in einer dritten Gemeinschaft läuft das meiste über Mails. Ob so oder so – alle, die nach der Gründungsphase zur Truppe stoßen, finden bereits ein Grundmuster vor. Wer sich dieser Stammesmentalität nicht anpassen kann, muss wieder gehen. Diejenigen, die bleiben, sind gut aufeinander eingespielt.

Die Stammesgepflogenheiten machen es auch so schwer, einen Ersatz-Häuptling zu finden, wenn der alte geht. Denn der Stamm mit all seinen Eigenheiten ist schon da. Die eingespielten Abläufe bekommt man oft nur langsam gedreht. Also muss der neue Chef auch zum Stamm passen. Aber selbst wenn der Neue gut passt, kommt es in der Mannschaft zu Reibungsverlusten. Das kennt jeder, der einen neuen Computer hat. Die neuen Software-Versionen sorgen für Irritationen und Dauer-Anspannung. Nach zwei Wochen hat man sich orientiert und es läuft wieder rund. Die neuen Häuptlinge haben es allerdings nicht ganz so einfach wie die Mannschaft. Denn nicht alle Stammesmitglieder haben Lust auf Veränderung. Es gibt die Bewahrer, die auch noch nach der Installation des neuen Chefs von der alten Zeit träumen, und es gibt jene, die selber gerne Häuptling geworden wären, und einen Guerillak-

Der neue Chef muss zum Stamm passen – nicht umgekehrt.

43

rieg starten. Ich habe solche Blockaden oft erlebt. Dabei ist der Wunsch, das neue Stammesoberhaupt zu Fall zu bringen, nicht sehr logisch. Denn der alte Häuptling kommt nicht wieder. Will der neue Chef nicht im Feuergefecht umkommen, muss er diese gefährlichen Krieger befrieden oder loswerden. Nur so bleibt der Stamm gegen Gefahr von außen vereint.

Wenn sich nach vielen Monden die Wege trennen

Im Lauf deines Lebens darfst du immer wieder die Erfahrung machen, Mitglied eines neuen Stammes zu werden. Die Sache hat leider auch eine Kehrseite, denn oft verlässt du ja gleichzeitig einen alten Stamm. Auch wenn einige der dabei geschlossenen Freundschaften die nächsten Jahrzehnte überstehen, bleiben viele vertraute Gesichter und Weggefährten zurück. Der Abschied von denen, mit denen ich viele Jahre Seite an Seite gekämpft habe, hat jedes Mal zu den sehr schmerzlichen Erfahrungen meines Lebens gehört. Doch Stehenbleiben ist keine Option.

Stämme können auch auseinanderbrechen. Das hört sich schlimmer an, als es ist, denn der Grund hierfür ist pures Wachstum. Jeder Stamm, der wächst und gedeiht, erreicht irgendwann eine maximale Stammesgröße. Dann haben zwar alle das gleiche Logo auf ihrer Visitenkarte, die meisten sind sich aber persönlich nie begegnet. Sobald aber die Verbindung der Leute untereinander nicht mehr trägt, hat der Stamm seine Existenzgrundlage verloren. Dann ist für ihn der Zeitpunkt gekommen, sich in kleinere Einheiten aufzuteilen. Es gibt noch einen zweiten Grund, warum die Führungsebene zu große Stämme fürchtet: Je größer die Truppe ist, umso unregierbarer ist sie.

Die Agentur Scholz and Friends war in den Neunzigerjahren extrem erfolgreich und wuchs unglaublich schnell. Um ein unkontrolliertes Auseinanderbrechen des Stammes zu verhindern, führten die Verantwortlichen ein neues System ein: Die Mannschaft wurde in Familien eingeteilt. Jede *Family* war eine kleine, schlagkräftige Truppe, die selbstverantwortlich agierte. Scholz and Friends gehörte immer zu den schärfsten Konkurrenten der Agenturen, für die ich arbeitete, aber diesen genialen Schachzug habe ich sehr bewundert.

Manchmal teilt sich der Stamm nicht, er geht unter. Doch gerade in den Wirren des Niedergangs ist der Stamm deine Zufluchtsstätte. Du fühlst dich nicht allein und verloren, sondern ziehst aus der Gemeinschaft Stärke und Kraft für den Sprung in ein neues Leben. So wird das Ende zu einem Neubeginn.

Im Jahr 1997 sagte ich nach langen Jahren als Chef bei Stein Promotions Adieu und trat frohgelaunt meinen neuen Job beim Label Karussell in Hamburg an. Ein Headhunter hatte mich angesprochen, und als ich »Kinderhörspiele, neue Ideen und Gestaltungsspielraum« hörte, war ich begeistert. Meine Mission: Das bekannte Kinder- und Musik-Entertainment in eine erfolgreiche Zukunft führen. Ich legte los und holte viele

Gemeinsam lachten wir über den Wahnsinn.

Vertraute aus meinen früheren Stationen nach. Es lief gut, wir kamen gut voran. Doch dann kam der Schlag! Gerade mal ein Jahr nach meinem Antritt erfuhren wir, dass die PolyGram, starke Muttergesellschaft von

Karussell, von Seagram übernommen werden sollte. Seagram? Ein kanadischer Mischkonzern, der unter anderem der weltweit größte Spirituosenhersteller war. Niemand wusste so recht, was passieren würde. Monatelang blieben die Pläne der neuen Investoren im Dunkeln. Laufende Projekte wurden ohne größere Begründungen auf Eis gelegt, vieles, was zuvor für meine Truppe und mich mit einer kurzen Abstimmung in der nur einen Steinwurf entfernten PolyGram-Zentrale am Glockengießerwall erledigt war, unterlag nun *Freeze* – einem zeitlich nicht festgelegten Entscheidungsstopp. Als dann irgendwann verkündet wurde, dass der neue Eigentümer die beiden bislang unabhängigen Entertainmentfirmen PolyGram und Universal Music Group zum größten Musikunternehmen der Welt verschmelzen wollte, wuchs die Unsicherheit noch. Die Chefs der großen Labels mit den globalen Superstars mussten sich weniger Sorgen machen. Aber wir mit unseren Kinderhörspielen auf dem deutschen Markt, interessierte das überhaupt jemanden jenseits des großen Teiches? Es war für uns alle eine Zeit großer Unsicherheit und herber Rückschläge. Und trotzdem – wenn ich an diese Monate zurückdenke, sind sie nicht von dunklen Momenten erfüllt, sondern von großartigen Stunden. Denn jeden Mittag hielten wir Karussell-Leute Kriegsrat bei einem Italiener unweit des Hotel Atlantic, gleich hinter dem Hamburger Holzdamm. Wir konnten die neue Welt nicht ändern, aber gemeinsam machten wir sie uns bei einer guten Pasta mit frischen Steinpilzen erträglicher. Weil wir über den Wahnsinn lachten, konnten wir ihn aushalten. Und dann ging alles ganz schnell. Einer nach dem anderen verließ den verschworenen Zirkel und fand sein Glück in einer neuen Gemeinschaft. Der alte Stamm war aufgelöst. Es blieb die Erinnerung an heitere und wunderbare Essen, bei denen wir in den miesesten Zeiten gemeinsam so laut lachten, dass Paolo Conte aus der Musikanlage nicht mehr zu hören war.

Bis ans Ende aller Tage

Ein großer Teil deiner Lebensqualität hängt davon ab, dass du dich den passenden Stämmen anschließt. Das ist viel mehr als bloße Karriereplanung. In jeder Lebensphase genau mit den Leuten zusammen sein zu dürfen, mit denen dich Wesentliches verbindet, ist pure Lebensqualität. Weil sich Menschen entwickeln – nicht zuletzt deshalb, weil ihr Stamm ihnen Raum dafür bietet – sind Stammeszugehörigkeiten keine statische Angelegenheit. Es herrscht ein ständiges Kommen und Gehen. Und das ist auch gut so.
Zwei Stämme gibt es allerdings, in denen sind Fluktuationen absolut unerwünscht. Der erste Stamm ist der, in den du hineingeboren wirst. Ich habe es weiter oben schon angesprochen: Im Normalfall ist die Bindung zwischen Eltern und Kindern, Brüdern und Schwestern, Cousins und Cousinen unwiderruflich. Der zweite Stamm ist die Familie, die du selbst gründest. Diejenigen, die mit dir in deinem Wigwam leben, sind die wichtigsten Menschen der Welt, und emotional ist kein Band stärker, als das zu denen, die dir am meisten am Herzen liegen. Was immer auch draußen passiert, dein *inner circle* und ihr solltet euch jederzeit bedingungslos aufeinander verlassen können. Im

Beruf sind die Rechte und Pflichten der Stammesmitglieder vertraglich festgelegt. In der Familie sind sie ins Herz eingeschrieben.

Trotzdem ist mir die Familie, die ich mit meiner ersten Frau gegründet habe, weggebrochen. Ich hatte falsche Prioritäten gesetzt und zugelassen, dass die Arbeit das Familienleben überwucherte. In der Einsamkeit einer kleinen Wohnung habe ich mir geschworen, dass mir das nicht noch einmal passiert. Als meine zweite Frau und ich heirateten, fragte uns Pater Matthäus beim Vorgespräch, welche Trauungsformel wir uns wünschten. Der Spruch »… bis dass der Tod euch scheidet« scheint ja nicht mehr in eine Zeit zu passen, in der nahezu jede zweite Ehe nicht hält. Wir haben uns trotzdem für diese traditionelle Formel entschieden. Unser kleiner Stamm soll für immer zusammen bleiben. Das wünschen wir uns, aber dafür arbeiten wir auch. Jeden Tag, in guten und in schlechten Zeiten. Denn ein intakter Stamm ist das Wertvollste auf der Welt und unseren wollen wir mit allen Kräften verteidigen. Ich bin unendlich dankbar, dass ich wieder Teil einer intakten Familiengemeinschaft sein darf. Meine zweite Frau und ich sind glückliche Eltern, zwei sehr aktive jüngere Kids und meine große Tochter komplettieren den Stamm. Fröhlich mittendrin bellt Fee, die kleine Französische Bulldogge. Patchwork at its best.

Patchwork at its best.

Es geht hoch bei uns her, wie früher in Otterndorf in der »Bärenhöhle«. Das zeigt mir, dass »da draußen« zwar viel Hin und Her herrscht, aber das, was das Leben im Kern ausmacht, sich nicht wirklich ändert. Wie vor 45 Jahren bin ich wieder zu fünft plus Hund unterwegs

– vom Gefühl her ist es tatsächlich fast wieder so, als würde ich in kurzen Hosen mit Georg und den anderen durch die Nachbarschaft in Rio streifen. Alles ist gut. Nur noch viel besser.

Wer gute Entscheidungen treffen will, braucht kluge Mentoren an seiner Seite – das haben schon die alten Indianerhäuptlinge gewusst. Aber was macht einen guten Ratgeber aus? Er braucht Lebenserfahrung und Gelassenheit, damit er auch in den verzwicktesten Situationen Licht ins Dunkel bringen kann. Genauso wichtig ist aber auch ein weiteres Merkmal: Er muss uneigennützig sein.

Als ich mit 12 Jahren beim TSV Otterndorf auf dem Hadelner Kanal mit dem Rudern begann, kam ich noch nicht in den Genuss unseres späteren Top-Trainers. Anfänger wie ich wurden erst einmal von den älteren Ruderern angeleitet. Sie gaben ihre Erfahrungen bereitwillig an mich weiter und ich lernte eine Menge von ihnen. Irgendwann war ich bereit für meine erste Regatta. An diesem Tag startete ich gleich dreimal: im Slalom, wo ich im Einer in möglichst kurzer Zeit einen kleinen Parcours fahren musste, dann im Zweier mit Schlagmann, und zum Schluss noch einmal die 500 Meter im Einer. Im Slalom stellte ich mich nicht übel an und gewann mit einer ordentlichen Portion Glück, denn meine beiden stärksten Gegner kenterten an der Tonne und mussten klatschnass von einem Motorboot an Land gebracht werden. Meine erste Goldmedaille! Der Jubel war groß. Als ich dann auch noch zusammen mit dem Schlagmann, der ebenfalls Frank hieß und der

den von unseren erfahrenen Trainern erstellten Renn-
plan penibel einhielt, im Doppelzweier siegte, schwebte
ich auf Wolke 7. Es schien, als könne mich nichts mehr
bremsen.

Zum Abschluss standen die 500 Meter im Einer an. Auf
meinem Höhenflug glaubte ich, das Triple an Goldme-
daillen schon in der Tasche zu haben. Wahnsinn! Bei
meiner ersten Regatta! Die alten Kämpen nahmen mich
vor dem Rennen ins Gebet, ermahnten
mich, bloß nicht zu schnell anzufahren.
Denn das hatten sie mit unbestechlichem
Auge längst gesehen: Ich war kein Sprin-

> Ich sagte »Jaja« und
> wusste es insgeheim
> besser.

ter, eher einer, der in der zweiten Rennhälfte seine
Körpergröße mit langen Zügen ausspielen und so allen davonfahren konnte. Ich sagte »Jaja« und dachte
insgeheim, dass ich selbst am besten wüsste, wie man
gewinnt; schließlich hatte ich ja schon zwei goldene Me-
daillen am gelb-blauen Band eingesackt. Ich machte also
mein Ding und fuhr wie ein Verrückter los; die an der
Strecke fuchtelnden Trainer übersah ich souverän. Nach
den ersten 150 Metern hatte ich einen guten Vorsprung
herausgeholt, dann ging mir die Luft aus. Meine Arme
wurden bleischwer, mit zusammengebissenen Zähnen
versuchte ich, weiter eisern durchzuziehen und ver-
krampfte nur noch mehr. Bei 350 Metern zogen die
anderen lässig vorbei und ich schleppte mich als Letzter
ins Ziel. Blamage auf ganzer Linie.

»Frank, hast du uns nicht zugehört?«, musste ich mir
im Anschluss anhören. Ich schaute zu Boden. Ich wusste
ganz genau, dass die Niederlage ganz allein auf meine
Rechnung ging. »Auf Erfahrung nicht gehört und dafür
die Quittung bekommen«, bemerkte Thorsten, ein alter 51

Recke, der schon Dutzende Rennen bestritten hatte. Dann klopfte er mir auf den Rücken und meinte: »Aber du wirst daraus lernen.« Stimmt. Seit jenem Tag weiß ich, dass das Sprinten *am Ende* eines Rennens kommt – und dass du, wenn du es besser als die alten Hasen zu wissen meinst, schnell ins Hintertreffen gerätst.

Mit dem Kopf durch die Wand

In jungen Jahren fällt es besonders schwer, Ratschläge Älterer anzunehmen – das geht allen Generationen so. Vor allem diejenigen, die ein paar Revoluzzer-Gene mehr als andere abbekommen haben, wollen sich nichts sagen lassen. Wenn dann Eltern, Lehrer oder Trainer Recht behalten, ist das die Höchststrafe. Aber das Sich-Ausprobieren gehört zum Erwachsenwerden dazu. Kinder und Jugendliche *müssen* da durch, und Eltern *müssen* es aushalten, dass der Nachwuchs mal auf die Nase fliegt. Es wäre ja auch völlig gegen die Natur, wenn Kinder nie etwas auf eigene Faust ausprobieren würden und wie eine Marionette immer nur das täten, was die Großen ihnen sagen.

Blöd wird es nur, wenn aus Kindern Erwachsene werden, die immer noch nicht zugeben können, dass sie nicht alles wissen. Denn wie immer im Leben geht es darum, eine gute Balance zu finden. In diesem Fall heißt das: ein Bauchgefühl dafür zu entwickeln, wann es besser ist, den eigenen Weg zu gehen, und wann es angesagt ist, einfach mal auf die Erfahreneren zu hören. Ich weiß, es gibt hundert Bücher, die Mut machen, auch mal die eigene Variante durchzuziehen. Allerdings hat meiner

Erfahrung nach die Mehrzahl der Menschen kein Problem damit, auf Durchzug zu schalten und nach den eigenen Vorstellungen loszulaufen. Lieber kümmere ich mich in diesem Kapitel um die kniffligere Variante: auch mal auf andere hören. »Jung, nimm Lehre an!«, hat mein Schwiegervater immer in typisch kölscher Diktion gesagt – für alle Nicht-Kölner kommt hier die Übersetzung: »Junge, lass dir auch mal was sagen!« Wie gesagt: Manche können das, die meisten tun sich schwer damit.

Zum Beispiel ein Freund, der mit mir Tag für Tag denselben Schulweg nach Cuxhaven gefahren ist. Er sollte nach seinem Abschluss den elterlichen Betrieb übernehmen, doch der Junior hatte keinen Bock darauf. Lieber wollte er seine eigene Firma hochziehen. Sein Vater war sehr fair, er suchte sich jemand anderen für die Leitung des Familienunternehmens und unterstützte seinen Sohn mit einer Anschubfinanzierung. Er sparte allerdings auch nicht mit guten Ratschlägen: »Ich glaube nicht, dass du in dem Markt, den du dir ausgesucht hast, überstehen kannst«, sagte er seinem Filius. »Es gibt zu viel Konkurrenz, als Newcomer wirst du an die heutigen Marktführer nicht herankommen.« Doch der junge Mann wusste es besser. Er gründete den Laden – und nach zwei Jahren war die Party vorbei. Er hatte sein ganzes Geld verbrannt und musste wieder zu Hause andackeln. Dem Vater lag jede Häme fern, er machte seinem Sohn auch keine Vorwürfe. Mir schien das damals eine sehr komfortable Situation für meinen Freund zu sein, andere müssen unschön zu Kreuze kriechen, wenn sie ihre Wunden leckend in den Schoß der

Nach zwei Jahren war die Party over.

53

Familie zurückkehren. Doch für meinen Freund war es immer noch hart genug. Anfangs erzählte er noch tausend Geschichten, was er für Pech gehabt und an welchen unvorhersehbaren Umständen es gelegen hätte, dass sein Unternehmen am Ende chancenlos gewesen war. Als ich ihn Jahre später auf einem Klassentreffen wiedersah, erzählte er mir, dass er dann doch in die Firma des Vaters eingestiegen war. Er gab dem Unternehmen einen neuen Spin und baute sogar einen zweiten Standort aus. So hat er sich seinen Traum, etwas Eigenes zu machen, doch noch erfüllt.

Ein Rat fürs Leben

Mein Vater und seine beiden Brüder haben sich diesen Umweg erspart. Wenn ich an meinen Großvater Fritz Behrendt denke, Jahrgang 1900, dann sehe ich einen weisen alten Häuptling vor mir, wie er in seinem hohen Sessel sitzt und »Die Glocke« von Schiller rezitiert – alle 19 Strophen! Er war das, was es heute nur noch selten gibt: ein Patriarch, ein geborener Anführer und ein Fels in der Brandung. Seine Klugheit und seine Geradlinigkeit hatten ihn nicht nur in steiler Karriere vom Schulleiter bis hoch ins niedersächsische Kultusministerium gebracht, sondern machten ihn auch zu einem unbestechlichen Ratgeber.

Ein Patriarch und Fels in der Brandung.

Natürlich rieben sich die drei Brüder ständig mit ihrem alten Herrn, denn der hatte sehr klare Vorstellungen vom Leben. Unter anderem auch davon, was seine Söhne einmal werden sollten. Die drei jungen

Behrendts hatten jedoch eigene Pläne. Einer meiner späteren Onkel wollte Schauspieler werden – in der damaligen Zeit nicht ganz zu Unrecht der Inbegriff der brotlosen Kunst. »Eine Karriere als Luftikus finanziere ich nicht«, entschied Großvater Fritz dann auch und drehte seinem Sohn kurzerhand den Geldhahn zu. Auch bei der Berufswahl seiner beiden anderen Söhne redete er ein Wörtchen mit. Sie hörten auf ihren Vater, und aus allen drei Brüdern wurde »etwas Anständiges«.

Ein trauriges Beispiel dafür, wie man den Willen und die Kreativität seiner Kinder bricht? Nein, denn meinem Großvater ging es nicht darum, eigene Wünsche und Vorstellungen seinen Kindern aufzupropfen. Er kannte seine Jungs gut genug, um genau zu erkennen, wo ihre Stärken und Schwächen lagen, und beriet sie klug. Er wusste genau, dass sein Sohn nicht nur die Schauspielerei mochte, sondern auch ein gutes Leben. Heute kann man eher mal was riskieren, so lange man keine Verantwortung für eine Familie trägt, in der Nachkriegszeit aber gab es kein nennenswertes soziales Netz für Künstler. Also schlug mein Großvater vor, dass sein Sohn in die Wirtschaft gehen sollte – das war in der Lehrerfamilie Bruch mit der Tradition genug. Später, als alle drei Brüder ihren Platz im Leben gefunden und mehr Erfahrung gesammelt hatten, konnten sie ihre damalige Situation besser einschätzen. Einhellig kamen sie zum Schluss, dass der alte Häuptling ihnen mit seinen Ratschlägen einen großen Gefallen getan hatte. Sie waren heilfroh, auf ihn gehört zu haben.

Otterndorfer Handwerker verdrehen heute noch die Augen ...

Ihre Passion haben sie trotzdem ausgelebt. Mein Vater, der eigentlich Architekt und nicht Lehrer werden wollte, baute sich später sein Traumhaus: das Blaue Haus, die »Bärenhöhle«, ohne einen einzigen rechten Winkel – Otterndorfer Handwerker verdrehen heute noch die Augen. Sein Bruder Hans, der verhinderte Schauspieler, wurde ein großartiger Vertriebsmann, der bei jeder Tagung mit seiner Präsenz auf der Bühne alle Kunden von den Stühlen riss und ein Leben ganz nach seinem Geschmack genoss.

Der klare Blick der alten Füchse

Heute gibt es in Familie und Berufswelt in der Regel wenig Zwang und viel wohlwollende Unterstützung. Umso wichtiger ist die Fähigkeit, auch mal aus freiem Willen auf andere zu hören. Das gilt für die Chefs, die wie die alten Indianerhäuptlinge niemals eine weitreichende Entscheidung treffen würden, ohne zuvor die Meinung von alten und weisen Stammesmitgliedern, tapferen Kriegern und angesehenen Frauen einzuholen. Das mit dem Zuhören gilt aber auch für den Nachwuchs, der sich erst noch bewähren muss. Die Jungen sollten jede Gelegenheit nutzen, von den Erfahrenen zu lernen, nur so werden sie einmal zum Überleben ihres Stammes beitragen und zu geehrten Stammesangehörigen werden. Das hat nichts mit Wild-West-Romantik zu tun – ich verdanke es zu einem großen Teil der Fähigkeit, die Ratschläge anderer annehmen zu können, dass mein Berufsleben (bis jetzt) doch recht erfolgreich verlaufen ist.

Zu meiner Ausbildung an der Deutschen Journalistenschule in München gehörten auch Praktika, eines davon absolvierte ich in der Presseabteilung des Flugzeugbauers Dornier in Oberpfaffenhofen. Mein Chef hieß mit Nachnamen Patt, Vorname: Direktor. Direktor Patt war ein imposanter Bayer, ein Klasse-Typ und lebensfroher Pfundskerl; wenn er dir mit seiner Pranke auf die Schulter haute, gingst du in die Knie. Und gleichzeitig strahlte dieses Urgestein selbst in den bewegtesten Zeiten eine unglaubliche Ruhe aus. Er stand kurz vor der Rente und ich junger PR-Krieger hatte das Glück, ihn in seinem letzten beruflichen Sommer erleben zu dürfen. Ein Gespräch mit ihm war wertvoller als jedes Journalismus-Seminar. Oft nahm er mich mit in die Kantine und gab mir bei Leberkäs und Brez'n die Erkenntnisse seines Berufslebens mit auf den Weg. Und damit meine ich nicht nur das normale beruflich-fachliche Sparring, sondern wirkliche Ratschläge. Jede einzelne seiner Weisheiten habe ich verinnerlicht, eine davon leider erst mit zehn Jahren Verspätung.

»Seien Sie immer professionell, junger Mann«, hatte er mir gesagt, »und liefern Sie immer perfekte Arbeit ab.« Und dann hatte er mir zugezwinkert: »Aber machen Sie nie den Fehler, Ihre Arbeit als zu bedeutend anzusehen. Das ist sie nämlich nicht. Gehen Sie in den Biergarten, haben Sie abends Spaß und denken Sie bloß nicht ans Büro.« Der erste Teil leuchtete mir gleich ein, bis heute ist Professionalität meine persönliche Leitlinie. Der Sache mit dem »seine Arbeit nicht zu wichtig nehmen« konnte ich aber nicht viel abgewinnen. Denn wie die meisten anderen jungen Kerle dachte ich damals, dass

Erst nach zehn Jahren ging seine Saat auf.

man nur mit Ranklotzen Karriere machen kann. Darüber ist dann meine erste Ehe kaputtgegangen. Erst nach diesem Schock ging auch diese Saat von Direktor Patt in mir auf. Endlich checkte ich, dass der Sinn des Lebens nicht darin bestehen kann, pausenlos zu ackern. Ganz im Gegenteil: Je mehr du dich in deiner Arbeit verlierst, desto mehr verlierst du auch den Überblick und die Gelassenheit. Damit geht nicht nur dein Privatleben in den Keller, auch im Beruf steigst du eher zu den Wühlmäusen ab, statt dein Unternehmen mit wertvollen Ideen voranzubringen. Mein erstes Buch, »Liebe dein Leben und nicht deinen Job«, hat also seinen Ursprung in der Werkskantine von Dornier.

Auch von anderen erfahrenen Häuptlingen habe ich viel gelernt. Manfred, der Leiter des Werksarchivs bei Henkel, war mir ein väterlicher Freund und half mir als Novizen, die komplizierten Zusammenhänge in großen Firmen besser zu verstehen und viele unternehmenspolitische Fehler zu vermeiden. Wolf Gramatke, der legendäre Präsident des Medienkonzerns PolyGram, war ein Meister des Networkings und zeigte mir, wie man mit echten und Möchtegern-Stars umgeht. Klaus Wendler, das grandiose Finanzgenie der Werbe- und Marketingagentur BBDO lehrte mich, wie ein Plan aussehen muss, der in Amerika jeden happy macht. Und Martin Heel, den ich bei meinen Talk-Shows im Altersheim traf (für alle, die mein erstes Buch gelesen haben: Das ist der mit dem Bügeleisen), erinnerte mich daran, was Liebe wirklich bedeutet.

Nur *einem* alten Häuptling bin ich nicht gefolgt, sein Name tut hier nichts zur Sache. Als er mir nach der Jahrtausendwende sagte: »Das Internet wird überschätzt«, streichelte ich nur kurz über den Blackberry in meiner Hosentasche und kündigte bei nächster Gelegenheit.

Der Mix macht's

»Nach einigem Suchen sah ich ihn. Er saß mit vier Indianern beisammen, von denen allerdings keiner das Abzeichen der Häuptlingswürde trug. Das war aber nicht nötig, denn nach den Gebräuchen der Roten musste der älteste dieser vier der Anführer sein.«

Wenn Karl May beschreibt, wie Old Shatterhand sich an den Ober-Bösewicht Santer und einige feindliche Indianer anschleicht und dabei Ausschau nach dem Wortführer der Kiowas hält, ist für ihn ganz klar: Die weisen Ratgeber sind die Ältesten, denn sie haben das meiste Wissen angesammelt. Natürlich gibt es heute genauso wie zu Karl Mays Zeiten 60-Jährige, die ihr Leben lang nichts dazugelernt haben. Und es gibt 25-Jährige, die dank ihrer unbändigen Neugier in Lichtgeschwindigkeit Erfahrungen sammeln konnten. Sie sind aber die Ausnahmen von der Regel. An dem prinzipiellen Zusammenhang zwischen Lebensdauer und Lebenserfahrung haben auch die drei, vier digitalen Revolutionen der letzten Jahrzehnte nicht viel geändert. Auf dem Feld der Lebenserfahrung stecken die Älteren die Jüngeren immer noch in die Tasche. Und genau das macht sie zu weisen Ratgebern.

Denn Wissen erzeugt Gelassenheit. Wie oft habe ich in Krisensituationen von den Senioren gehört: »Da musst du dich nicht aufregen, so etwas hab ich schon ein Dutzend Mal erlebt.« Und schon war die Herzfrequenz wieder auf Normalniveau und Raum zum Nachdenken da – und damit auch ein Ausweg in Reichweite. Denn Probleme werden dann gelöst, wenn auf Katastrophenmeldungen nicht im Panikmodus reagiert wird. Die alten Kämpen gehen auch besser mit Konflikten um als die Jungen. Ich habe schon oft erlebt, dass es die älteren Teammitglieder sind, die Warnsignale für entstehende Streitigkeiten früher erkennen und Querschüsse sicherer einordnen. Ältere Mitarbeiter sind auch aufmerksamer ihren Kollegen gegenüber, merken schneller, wenn etwas im Busch ist. Das liegt nicht nur an ihrer Lebenserfahrung. Ich weiß, es ist ein Klischee, dass die Jüngeren sich zu oft von ihren Smartphone-Bildschirmen ablenken lassen. Aber es stimmt einfach.

Wissen erzeugt Gelassenheit.

Dass die älteren Semester es besser drauf haben, ist wissenschaftlich belegt. An der University von Michigan interviewte ein Psychologen-Team unter der Leitung von Igor Grossmann 247 Versuchspersonen unterschiedlichen Alters.[4] Die Aufgabe der Probanden war, zum Inhalt fiktiver Zeitungsartikel Stellung zu beziehen und abzuschätzen, wie sich die beschriebenen Konflikte weiter entwickeln. In den Artikeln ging es um komplexe gesellschaftliche Fragestellungen, zum Beispiel, wie weit sich Migranten an die Gepflogenheiten in ihrem neuen Heimatland anpassen müssen. Aber auch Familien- und Beziehungsthemen lagen auf dem Tisch. Die Rentenfraktion der Probanden (65 Jahre plus) zeichnete sich gegenüber den Jüngeren (unter 45 Jahren) in drei Punkten aus:

Erstens: Sie versetzten sich in die Lage aller am Konflikt beteiligten Parteien, die jüngeren Probanden dagegen konnten ihre eigene Perspektive kaum verlassen. Zweitens: Sie suchten verstärkt nach Kompromissen. Und drittens: Sie erkannten häufiger, dass sie über zu wenig Information verfügten, um zu einem abschließenden Urteil kommen zu können.

Mit anderen Worten: Ihre Lebenserfahrung ermöglichte den Älteren einen klareren Blick auf Problemstellungen und eine ausgewogenere Einschätzung von Konflikten. Genau das macht sie zu perfekten Ratgebern. Es gibt also einen guten Grund dafür, warum Yoda, Gandalf und Co. ältere Herrschaften sind.

Mein Loblied auf die klugen Alten könnte den Eindruck erwecken, dass hier ein Dinosaurier all den anderen Dinosauriern sagt, wie toll sie sind, während längst die kleinen, wendigen Säugetiere die Herrschaft über die Welt übernommen haben. Ich will auf etwas anderes hinaus: Ohne die Old-School-Boys und -Girls geht es nicht. Aber die Geronto-Fraktion allein ist auch keine Lösung. Denn auch das hat der Versuch von Igor Grossmann gezeigt: Mit zunehmendem Alter rostet die geistige Beweglichkeit ein. Man kann sich nicht mehr so viel merken und hat auch nicht viel Lust darauf, sich in neue Themen einzuarbeiten. Es ist so wie seit Jahrtausenden: Der Erfolg der Mannschaft liegt im Mix von Jung und Alt. Die Alten bringen ihre Gelassenheit und strategischen Fähigkeiten ins Spiel, die Jungen sorgen für frischen Wind und dafür, dass die Bude nicht verknöchert. Erfahrung und Gelassenheit treffen auf Einsatzfreude und Flexibilität. Dieses Modell funktioniert

Die Geronto-Fraktion allein ist auch keine Lösung.

in der Familie genauso wie im Beruf – und auch auf dem Fußballplatz: Der Rechtsaußen mit ein paar Dutzend Länderspielen auf dem Buckel umdribbelt lässig die Verteidigung und schießt die perfekte Flanke auf den gerade von der Schulbank kommenden, wieselflinken Neuzugang – Tor!

Ganz fern und doch so nah

Alter und Lebenserfahrung können einen Menschen zu einem guten Ratgeber machen. Es gibt aber noch ein weiteres wichtiges Kriterium: In welcher Beziehung stehen du und dein Mentor? Man könnte meinen: Je näher ihr euch seid, desto besser – so wie bei Großvater Behrendt und seinen Söhnen. Meistens ist es aber genau anders herum.

In großen Unternehmen, zunehmend aber auch in mittelständischen Betrieben, gibt es Beiräte. Sie haben die Aufgabe, die Geschäftsführung bei strategischen Entscheidungen und wichtigen Personalentscheidungen zu unterstützen. Was auffällt: Viele dieser Beiräte sind gar nicht aus der Branche, sie haben keine Ahnung von der Materie. Und genau das erweist sich als besonders wertvoll. Weil sie fachfremd sind, stellen sie Fragen, die ein Insider niemals stellen würde. So bringen sie ganz neue Impulse ins Spiel. Diesem Muster folgen zum Beispiel auch die Think Tanks. Hier treffen interessante Menschen aus Wissenschaft und Wirtschaft, Kunst und sozialen Bereichen aufeinander und erörtern gemeinsam komplexe Fragestellungen.

> Gut, dass viele Beiräte keine Ahnung von der Materie haben.

Diese Beispiele zeigen, dass du die wertvollsten Impulse von Außenstehenden bekommst. Ein weiterer Vorteil von Mentoren, die mit deinem Business nichts zu tun haben: Sie stehen nicht in einem Interessenskonflikt – weder bewusst noch unbewusst. Zum Beispiel macht es nicht viel Sinn, bei Beziehungsproblemen im gemeinsamen Freundeskreis oder in der Familie um Rat zu fragen. Da hat jeder seine ganz persönlichen Motive, die den Wert seiner Meinung nur einschränken. Vielleicht fürchtet ja deine Schwester, dass du ein paar Wochen bei ihr wohnen wirst, wenn du dich von deiner Freundin trennst und aus der gemeinsamen Wohnung ausziehst. Oder dein Cousin hat einen Groll gegen dich und freut sich klammheimlich, wenn dein Privatleben in die Brüche geht.

Wenn du vor wirklich wichtigen Lebensentscheidungen stehst, kann ein Außenstehender den entscheidenden Dreh bringen. Er muss nicht politisch korrekt sein wie diejenigen, die Tag für Tag mit dir zusammen sind. Er spricht die Wahrheit und beschönigt nichts. Genau an den Stellen, an denen du dir und deinen Freunden etwas vormachst, hakt er nach. Nur eine einzige Sache muss euch verbinden: Vertrauen. Dann schafft ihr es gemeinsam, die richtigen Fragen zu stellen: Wo will ich hin? Was treibt mich an? Was will ich wirklich?

Ein Mitarbeiter hatte sich bei uns in der Agentur beworben und wurde eingestellt. Ein spannender Typ, dessen Leidenschaft das Reenactment mittelalterlicher Szenen war. Fast an jedem Wochenende tourte er mit Gleichgesinnten in selbstgewebter Kleidung durch die Gegend. Witzige Sache, doch seine Neigungen hatten mit dem Tagesgeschäft in unserem Job nicht viel zu tun. Es stellte sich heraus, dass er nicht in unsere Agentur passte: Das Team war nicht begeistert von ihm, und beim Mittagessen saß der junge Mann als Trauerkloß stumm am Tisch. Als seine Teamchefin ihm klar gemacht hatte, dass er seine Probezeit nicht überstehen würde, sah ich ihn ziemlich geknickt durch die Flure laufen. Als Oberhäuptling des Vereins war ich nicht direkt für ihn zuständig, hatte ihn bis dahin nur am Rande mitbekommen. Von der Entscheidung, dass er nicht mehr Teil des Teams sein würde, wusste ich aber. Jetzt konnte ich ganz offen mit ihm über seine berufliche Zukunft reden. Sofort hatten wir einen Draht zueinander, denn auch ich habe ja ein Faible für Fantasiewelten. Es zeigte sich, dass er kommunikativ sehr gut aufgestellt war, aber Pressemitteilungen über Lifestyle-Produkte zu schreiben war nicht seine Kragenweite. »Wärst du in der Kommunikationsabteilung eines Theaters nicht besser aufgehoben?«, fragte ich ihn. Er fiel aus allen Wolken. Niemand war zuvor auf die Idee gekommen, dass die Bereiche »Fantasiewelten« und »Kommunikation« eine Schnittmenge haben. Er bekam tatsächlich einen Job bei einem kleinen Theater, wo er für die Pressearbeit verantwortlich war, als Mädchen für alles aber auch mal Masken und Kostüme entwerfen durfte. Er war total happy, hatte seinen Platz gefunden.

> Er war total happy, hatte seinen Platz gefunden.

Der Erfolgsfaktor der weisen Ratgeber

Wenn ein Ratgeber keine eigenen Interessen verfolgt, dient das nicht nur der Qualität seiner Ratschläge. Sein Engagement zeichnet sich noch durch einen weiteren Vorteil aus.

Ein Personalberater, der sich auf besondere Fälle spezialisiert hat, erzählte mir einmal bei einem Mittagessen die Geschichte einer ungewöhnlichen Stellenbesetzung. In einer Company lief es nicht schlecht, es gab auch keine offensichtlichen Baustellen. Trotzdem war der Aufsichtsrat des Unternehmens unzufrieden. Er spürte, dass da noch Luft nach oben war. Normal wäre es nun gewesen, dem Vorstand Druck zu machen, bessere Zahlen zu liefern und/oder eine Unternehmensberatung zwecks Detailanalyse einzuschalten. Stattdessen suchte der Aufsichtsratsvorsitzende nach einem erfahrenen Controller im Ruhestand, der sich mal ganz zwanglos im Unternehmen umschauen sollte. Hier kam mein Gegenüber ins Spiel. Der wunderte sich zuerst über den ungewöhnlichen Auftrag, fand dann aber die perfekte Besetzung: einen erfahrenen alten Fuchs, der viele Firmen gesehen und zahlreiche Schlachten geschlagen hatte.

Der Neue machte sich an die Arbeit. Statt sich nur an die Tastatur zu setzen und Tabellen zu vergleichen, zog er den Blaumann an, tauchte in die Produktionsprozesse ein und ließ sich alle Abläufe im Detail erklären. Ein halbes Jahr lang tat er nichts anderes, als nur zuzuhören. Für die Belegschaft war er ein freundlicher älterer Herr mit wachen Augen, manche hielten ihn für einen

Da war noch Luft nach oben.

interessierten Betriebsrentner. Als er jede Ecke des Betriebes in- und auswendig kannte, tauchte er aus den Tiefen des Unternehmens wieder auf und wies auf ein paar Fehler im System hin, die sich durch Umstellungen ganz einfach ändern ließen. Das Unternehmen sparte nicht nur Kosten ein, die reibungsloseren Abläufe sorgten auch für bessere Stimmung.

Eine schöne kleine Geschichte – aber der Clou kommt noch. Der Personalberater beugte sich ein wenig zu mir über den Tisch, als er mir sagte: »Franky, weißt du, warum der Mann so großen Erfolg hatte?« Mit einem sicheren Gespür dafür, wie man Spannung aufbaut, lehnte er sich noch einmal zurück und nahm einen Schluck aus seinem Weinglas. Dann sagte er: »Er machte den Leuten keine Angst!«

Genau so ist es. Man kann sich vorstellen, welche Unruhe ein Trupp Unternehmensberater in der Firma hervorgerufen hätte! Ein weiser Ratgeber dagegen macht niemandem Angst. Seine Rolle ist das genaue Gegenteil: Er *nimmt* dir die Angst. Denn die Angst steht zwischen dir und einer guten Entscheidung. Ich bin Jahrgang 1963, für uns hieß es von klein auf: Mach bloß keine Dummheiten! Mach bloß keinen Fehler! Nicht auffallen, nicht hinfallen, nicht rausfliegen ... Auch meine Eltern waren vor dieser Sichtweise nicht gefeit. Als ich meinen ersten Job bei Henkel antrat, fiel ihnen ein Stein vom Herzen: »In dem Job bist du sicher, jetzt müssen wir uns nie mehr Sorgen um dich machen.« Dass ich nicht vorhatte, ein Leben lang in Düsseldorf-Holthausen zu bleiben, konnten sie nicht verstehen. Das hat wohl damit zu tun, dass es für ihre

Zwischen dir und einer guten Entscheidung steht die Angst.

Generation noch überlebenswichtig war, auf Nummer sicher zu gehen. Meine Geschwister und ich mussten mit diesem Nachklappeffekt des Krieges erst mal fertig werden. Meine Kinder haben mit so einer Grundangst nichts mehr am Hut; ich bin froh, dass sie Erwartungen statt Ängste haben.

Und jeden Morgen geht die Sonne auf ...

Zurück zu den weisen Ratgebern. Sie drängen sich nicht auf und müssen niemandem etwas beweisen. Sie wollen weder deinen Job noch dir auf die Füße treten. Ob im beruflichen oder im privaten Bereich – sie stehen außerhalb der Hierarchie und sind operativ nicht in das Geschehen eingebunden. Sie sind oft genug im Leben mit ihren eigenen Ängsten konfrontiert gewesen, um zu wissen, dass einiges passieren muss, bis der Dom umkippt. All dies nimmt Druck und Angst von dir. Mit einem weisen Ratgeber an deiner Seite wird aus einem Weltuntergangsszenario eine Aufgabe, die sich lösen lässt. Er weist dir den Weg, der dich aus dem Nebel ins Licht führt.
Meine größte private Krise war die Trennung von meiner ersten Frau. Natürlich war mir klar, dass das Scheitern meiner Ehe kein Einzelfall war. Aber wenn du mitten im Scheidungsprozess steckst und jeder Gang zum Briefkasten mit Magenschmerzen verbunden ist, hockst du einfach nur in einem tiefen Loch. Horror! In dieser schlimmen Zeit fuhr ich mit meiner Tochter in den Urlaub. Vorfreude? Nicht vorhanden. Denn ich war so mies drauf, dass ich mich schon mit finsterer Miene am Alleinreisenden-Tisch sitzen sah, während

meine Tochter mit den anderen Kindern Spaß hatte. Erleichtert stellte ich am Ferienort fest, dass ich nicht der einzige Solo-Vater im Club war. Thilo, ein graumelierter Münchner und ebenfalls Vater einer kleinen Tochter, teilte mein Schicksal. Er selbst war nicht unschuldig gewesen, zu viel Arbeit, falscher Fokus, immer unterwegs, erzählte er mir – das kam mir alles ziemlich bekannt vor. Am Ende war seine Frau mit einem Musiker durchgebrannt. Thilo hatte aus seinen Fehlern gelernt. Er arbeitete weniger, allein schon, damit er mehr Zeit mit seiner Tochter verbringen konnte. Es tat mir gut, mit jemandem zu reden, den es genauso wie mich aus der Kurve getragen hatte. Thilo war mir allerdings ein paar Monate voraus. Er hatte sich schon weitgehend wieder sortiert und konnte recht abgeklärt auf seine Situation schauen. Ich dagegen war noch weit entfernt von einem neuen Anfang und lief noch im Zerschmettert-Modus herum.

> Thilo, ein grau-melierter Münchner, teilte mein Schicksal.

Gleich am zweiten Tag schlug Thilo vor, dass ich ihn am nächsten Morgen zum Yoga am Strand begleiten sollte. Ich war skeptisch. Vor dem Frühstück irgendwelche Verrenkungen machen? Nichts für mich. Aber mein neuer Kumpel ließ nicht locker: »Komm, ich will dir was zeigen!« In aller Herrgottsfrühe stand ich also in Sporthose und Hard-Rock-Café-T-Shirt am Meer. Vierzehn Frauen und zwei Männer – und die Yogalehrerin Sanna, die zu leiser Musik mit sanfter Stimme ihre Anweisungen gab. Anfangs fühlte mich etwas fehl am Platz, aber ich ließ mich darauf ein.

Und dann ging die Sonne auf. Ein wunderbarer Augenblick. Während Sanna uns den Sonnengruß beibrachte,

fühlte ich zum ersten Mal seit Monaten, dass es immer noch mächtigere Dinge auf der Welt gibt als das
elende Trio »meine Scheidung – mein Versagen – mein
Schmerz«. Thilo wusste, was in mir vorging, denn als ich
die Arme in den Himmel hob, schaute er mich an und
sagte: »Siehst du, Franky, egal was kommt, beruhigend
ist doch, dass jeden Morgen die Sonne wieder aufgeht.«

KAPITEL 4
NSCHO-TSCHIS VERMÄCHTNIS

Frauen mussten lange Zeit mit Cleverness ihre Ziele verfolgen, ohne allzu sehr aufzufallen. Selbst heute noch ist es in mancher Branche nicht selbstverständlich, dass sich weibliche Intelligenz uneingeschränkt entfalten darf. Doch die Zeit arbeitet für die Frauen. Ihre stärksten Waffen – Empathie und Emotion – sind heute mehr denn je gefragt.

Es ist nicht lange her, da kam ein Kunde auf mich zu und wollte ganz im Vertrauen wissen, ob ich Erfahrungen mit weiblichen Vorgesetzten hätte. Er würde nämlich jetzt eine bekommen. Der Flurfunk hatte schon gemeldet, dass sie tough sein sollte, öfter auch mal zickig. Ich dachte mir: Na, das mit der Zickigkeit bekommt man ja öfters zu hören. Meiner Erfahrung nach bringen Männer das Wort »Zicke« meistens dann ins Spiel, wenn es bei ihnen beruflich nicht so wie geplant läuft, und sie sich selbst aus der Schusslinie nehmen wollen. Oder sie sind schlicht neidisch, dass eine Frau den Posten bekommen hat, den sie selbst gerne gehabt hätten. Also hakte ich bei meinem Gesprächspartner nach, was er denn genau in Bezug auf »zickig« gehört hätte. Es stellte sich heraus, dass die Chefin jemanden kritisiert hatte, der verabredete Termine nicht eingehalten hatte. Und das soll Zickentheater sein? Der nachlässige Sportsfreund hatte seiner Chefin einfach nur übel genommen, dass sie ihren Job gemacht hat. Mein Tipp an den Kunden lautete also: nicht auf den Gossip-Talk der anderen hören und möglichst vorurteilsfrei auf die neue Chefin zugehen. Ob es an meinem Ratschlag lag, dass sie sich aufeinander einließen, weiß ich nicht, die beiden wurden jedenfalls ein perfektes Team, das einen Erfolg nach dem anderen einfährt.

»Ja, kann die das denn?«

So mancher Mann bekommt heute noch Schnappatmung, wenn »die Neue« nicht freundlich lächelnd am Empfang sitzen soll, sondern Kollegin oder sogar Vorgesetzte wird. Und wenn die Chefin ihn mal tadeln sollte: »Hör mal, da hast du Mist gebaut!«, muss er sich Rat vom Coach holen, um mit dieser Kränkung fertig zu werden. Ich kenne auch gestandene Krieger, die gut mit ihren Chefinnen zusammenarbeiten, aber ihren Kumpels aus dem Sportverein niemals verraten würden, dass ihr Chef eine Frau ist; auf die zu erwartenden Sticheleien verzichten sie gerne. Nicht alle Männer haben Probleme damit, dass Frauen weiterhin auf dem Vormarsch sind. Diejenigen, die sich damit schwer tun, gehören oft eher zu den älteren Semestern und sind in einer Berufswelt groß geworden, in denen Frauen nur dann in Erscheinung traten, wenn sie jemandem die Unterschriftenmappe auf den Schreibtisch legten. Solche Prägungen wirken lange nach und führen immer noch zu der Frage: »Ja, kann die das denn?«

> Schnappatmung, wenn der Chef eine Frau ist.

Ich erinnere mich noch sehr gut an einen Inlandsflug mit der Lufthansa Ende der Achtzigerjahre. Kurz vor dem Start hörte ich zum ersten Mal die Stimme eines weiblichen Piloten: »Guten Tag, hier spricht Ihr Erster Offizier. Ich begrüße Sie herzlich im Namen der ganzen Crew aus dem Cockpit. Ich werde Sie heute nach Hamburg fliegen.« Häh? Zuerst dachte ich, ich hätte mich verhört. Aber sie hatte eindeutig einen weiblichen Namen genannt. Da hatte also eine Frau in der von Männern dominierten Pilotenwelt den Sprung ins Cockpit geschafft. Fand ich klasse. Um mich herum machte sich jedoch Unruhe breit. Man sah einigen Passagieren an, dass sie ernsthaft überlegten, lieber noch schnell auszusteigen. Aber das Flugzeug rollte schon zur Startposition. In der nächsten Stunde waren die Kiefermuskulaturen ungewöhnlich angespannt und es wurden mehr alkoholische Getränke nachgefragt als auf anderen Flügen. Keine kluge Reaktion – denn gerade dann, wenn Frauen erstmals in Männerdomänen vorrücken, müssen sie ganz besonders unter Beweis stellen, dass sie es drauf haben. Ich schätze, dass ich nie sicherer geflogen bin als auf diesem Erstlingsflug.

Hier die sensiblen Frauen, dort die aggressiven Männer?

Ich stecke Männer und Frauen nicht in Schubladen: hier die sensiblen und charmanten Frauen, die auf Konsens aus sind und darauf achten, dass niemand zurückbleibt. Dort die anpackenden, durchsetzungsstarken Männer, die im »Er oder ich«-Wettbewerb zur Hochform auflaufen. Trotzdem werde ich diese Verhaltenscluster der Einfachheit halber in diesem Kapitel »männlich« und »weiblich« nennen – Hauptsache, du hast im Hinterkopf, dass es auch Frauen mit Ellenbogen gibt, und Männer, die zuhören können.

In bestimmten Branchen stehen Frauen nicht nur unter dem Generalverdacht, weniger zu können als ihre männlichen Kollegen. Da gibt es auch noch Verständigungsprobleme. Dass Männer und Frauen manchmal aneinander vorbei reden, liegt daran, dass sich die Denk- und Vorgehensweisen von Männern und Frauen stark unterscheiden können. Meiner Erfahrung nach sind Frauen im Umgang mit Kunden oft smarter. Sie hören besser zu, sind verbindlicher, lösungsorientierter. Ich habe auch oft erlebt, dass Frauen Situationen realistischer einschätzen und Entwicklungen genauer voraussehen als Männer.

Im vorhergehenden Kapitel hatte ich zusammengefasst, durch welche Eigenschaften sich weise Ratgeber auszeichnen: Sie können sich sehr gut in die Perspektive ihres Gegenübers versetzen, sie suchen nach Kompromissen, um Konflikte zu lösen, sie überschätzen sich nicht und sie setzen nicht auf Angst, wenn sie motivieren wollen. In all diesen Disziplinen schneiden Frauen relativ gut ab. Auf dem Weg zum weisen Ratgeber haben sie also in der Regel einen ordentlichen Vorsprung. Diejenigen, die sich bis jetzt noch nicht daran gewöhnen konnten, dass Frauen in der Geschäftswelt mitmischen, sollten das also bald tun. ASAP.

»Weck die Göttin in dir!«

Ein Unternehmensberater klagte mir einmal sein Leid: »Es ist echt nicht leicht, Frauen zu verstehen. Die denken sich mehr im Stillen und hauen ihre Meinung nicht immer direkt raus!« Traurig schüttelte er den Kopf. »Wir sind doch alle keine Hellseher!«

Genau das ist der Knackpunkt! Die einen preschen los und hauen mit ihren Macheten einen Pfad durchs Dickicht, die anderen sorgen dafür, dass nicht sofort alles wieder zuwuchert. »Leise Frauen« und »laute Männer« können sich wunderbar ergänzen. Auch für Bedächtige/ Schnelle, Kopf-/ Bauchgesteuerte, Einzelgänger/Teamworker etc. gilt: Gegensätze können sich prima komplettieren. Wenn beide Seiten es schaffen, die jeweils andere Kultur nicht als trennendes Element zu sehen, sondern als willkommene Ergänzung, kommt das große Plus der gemischten Teams zum Tragen.

Bei einer meiner Agenturstationen betreuten wir unter anderem die Damenrasierer-Marke Gillette Venus. Im Team waren ausschließlich hervorragende Frauen für den Kunden tätig. Einmal sollten sie für die Kooperation mit der damals angesagten Popgruppe »No Angels« neue PR-Ideen entwickeln. Um ein möglichst weites Spektrum des Inputs zu erhalten, baten die Damen drei männliche Kollegen – einer davon war ich – zu dem Brainstorming dazu. Wir drei waren zwar keine Anwender des Produktes, aber wir dachten »out of the box«, wie es in der Werber-Kreativ-Sprache heißt. Vor allem Ingo, einer von uns drei Jokern, glänzte durch pfiffige Ideen und Formulierungen. Nach dem Meeting lobte unsere Teamleiterin uns Jungs, wir hätten zwar manche schräge Idee vorgeschlagen, aber auch wertvolle Ansätze ins Spiel gebracht. Und genau das war es, wozu wir in die Truppe gebeten worden waren. Nicht etwa als Häuptlinge, die aus den Ideen der Mädels eine tolle Kampagne zaubern (diese Lesart wäre vielleicht zwanzig, dreißig Jahre zuvor verbreitet worden), sondern als Teil des Teams. Alle miteinander sorgten wir

dafür, dass das Ergebnis der Session top war, der Kunde begeistert und die Kampagne sehr erfolgreich. Die CD mit der Hit-Auskopplung, die bei dieser Gelegenheit für Gillette Venus produziert wurde, ist übrigens 15 Jahre später bei ebay immer noch zu haben. *I'm your Venus, I'm your fire. At your desire ...*
Das Venus-Brainstorming war übrigens auch die Geburtsstunde von Ingos Spitznamen, von dem wahrscheinlich viele eine ganz falsche Vorstellung haben, wo er herrührt: »Ingo, die Klinge«.

Die heimliche Macht

Ich habe Glück gehabt. Mein Frauenbild war von Beginn an positiv, deshalb musste ich mich nie der Anstrengung unterziehen, es anzupassen. Ich musste ja nur auf meine Eltern schauen. Meine Mutter gehört einer Generation an, in der ein Mädchen sich noch rechtfertigen musste, wenn es studieren wollte. Weil sie immer schon eine starke Frau war, setzte sie sich durch und wurde Lehrerin. Doch auch sie war ein Kind ihrer Zeit, deshalb hängte sie ihre Stärken nicht an die große Glocke. Sie war smart genug, nach außen das Bild zu vermitteln, mein Vater wäre der Oberhäuptling; doch in Wirklichkeit war es eine Doppelspitze, die unseren Stamm führte. Die Eltern wussten sehr genau, wie sie das Sagen unter sich aufgeteilt hatten, und fanden das auch ganz in Ordnung so. Mit dieser Einstellung waren meine Eltern kein Einzelfall in ihrer Generation. Einer meiner früheren Chefs kokettierte einmal in launiger

Seine Frau daheim hat noch lauter gelacht.

Runde damit, dass es seiner Frau herzlich egal wäre, wer unter ihr Chef wäre. Dann hob er sein Glas und lachte laut. Ich bin sicher, seine Frau hat zu Hause noch lauter gelacht.

Frauen sind im Job wie im Privatleben nicht weniger zielstrebig als Männer. Aber so wie früher wählen sie manchmal einen anderen Weg. Karl May hätte gesagt: Sie sind »listiger«. Als Nscho-tschi den schwer verletzten Old Shatterhand im Indianerlager pflegt, verliebt sie sich in ihn. Anfangs hat sie noch Vorbehalte: »Du bist zum Umfallen schwach, aber dennoch ein starker Mann, ein Held. Wärest du doch als Apache und nicht als lügenhaftes Bleichgesicht geboren!« Aber sie überwindet ihre Vorurteile und steht zu ihrer Liebe. Old Shatterhand ist auch von Nscho-tschi angetan. Doch er schafft es nicht, über seinen Schatten zu springen. Eine Indianerin heiraten? Undenkbar! Winnetou weiß, wie es in seinem Blutsbruder aussieht. »Du kennst das Frauenleben der roten Völker, aber nichts von dem, was eine weiße Squaw gelernt haben und wissen muss«, sagt er zu Nscho-tschi. »Er trachtet nach andern Dingen, die er bei einem roten Mädchen nicht finden kann.«

Statt sich mit dem vermeintlich Unabänderlichen abzufinden, geht Nscho-tschi das Problem auf typisch weibliche Weise an. Sie will in die großen Städte gehen, um sich dort Sitten und Gebräuche der Weißen anzueignen. Es ist ein Plan, der sehr viel Geduld und Durchhaltewillen erfordert. Nscho-tschi kommt gar nicht in den Sinn, eine Absage kampflos hinzunehmen und sich zu fügen. Ich finde es erstaunlich, dass Karl May schon vor 150 Jahren seine weibliche Hautfigur so modern anlegte.

Schade nur, dass in der damaligen Zeit Rot und Weiß

nicht zusammenkommen durften: Nscho-tschi wird auf dem Weg in den Osten erschossen.

Lange Zeit kamen Frauen mit der von ihnen abverlangten zurückhaltenden Art in den tradierten Strukturen nicht sehr weit. Starke Frauen wie meine Mutter und Nscho-tschi liefen sozusagen außer Konkurrenz. Gut, dass Frauen sich heute nicht mehr »tarnen« müssen. Ganz im Gegenteil! Ihre Fähigkeiten entsprechen sehr genau den heutigen Anforderungen. Auf dem Berliner Houseopening von Serviceplan geriet ich in fröhlicher Cocktail-Runde in eine heiße Diskussion. Thema: *emotional leadership*. Man war sich einig, dass junge Leute heutzutage sehr sensibel und konfliktscheu wären und sofort »traurig« werden würden, wenn sie mal eine toughe Ansage bekämen. Ob das in Summe tatsächlich so ist, sei dahingestellt; ich bin der Meinung, dass ein pauschales Urteil über eine ganze Generation keinen Sinn macht. Einig waren wir uns in der Runde über zwei Dinge. Erstens: dass die jüngere Generation Vorgesetzte erwartet, die gut moderieren können und Gespräche empathisch und mit hoher Sensibilität führen. Und zweitens, dass weibliche Leader auf diesem Gebiet zweifellos im Vorteil sind.

Die ältere Herrenriege hat also nicht nur Vorbehalte und Verständigungsprobleme, was Frauen angeht, sondern auch mit der jungen Generation. Man kann sich an zwei Fingern ausrechnen, wer am Ende das Feld behaupten wird: die alten Cowboys, die am besten untereinander klarkommen und deren Reihen rentenbedingt immer mehr ausdünnen, oder die Frauen, die im Dialog mit der nächsten Generation keinen Dolmetscher brau-

> **Die Zeit arbeitet für die Frauen.**

chen. Dass die Zeit für die Frauen arbeitet, hält einige Mitglieder der Altherrenriege nicht davon ab, der alten Rollenverteilung hinterher zu trauern: Der Krieger jagt Büffel, schützt seinen Clan vor feindlichen Angriffen und sammelt Macht, die Squaw hält das Wigwam sauber, kümmert sich um die Kinder und sammelt Beeren. Es kommt ja öfter vor, dass Menschen eine Sehnsucht nach etwas spüren, was es so nie gegeben hat ...

Lozen und Tah-das-te

Das fängt schon bei dem Wort »Squaw« an. Viele Fachleute, die etwas von der Kultur der nordamerikanischen Indianer verstehen, meinen, dass es schon immer eine sehr abschätzige und beleidigende Bedeutung hatte. Auf jeden Fall schwingt immer eine gewisse Überheblichkeit mit, wenn in neuerer Zeit von einer Squaw die Rede ist. Man muss sich nur einmal die vielen alten Western anschauen, in denen die Indianerfrauen, wenn sie überhaupt mal auftauchen, mit gesenktem Blick durchs Bild huschen. Oder zwei Männer zankten sich um sie – und am Ende opfert sich die Frau und stirbt ...
Die Realität der indianischen Frauen sah ganz anders aus. Bei den Irokesen zum Beispiel wurden die Familienverbände von Clanmüttern geführt. Wenn der von ihnen gewählte Häuptling ihre Erwartungen nicht erfüllte, setzten sie ihn wieder ab. Auch den Apachen-Frauen sagte niemand, was sie zu tun haben. Wie bei den meisten Stämmen Nordamerikas gehörte den Frauen das Tipi bzw. die Grashütte und alles, was darin war. Nach der Hochzeit zog der Mann zu der Gruppe,

aus der seine Ehefrau stammte. Wollte sich eine Frau von ihrem Mann trennen, legte sie die Waffen und Schuhe ihres Mannes vor die Wohnung – das wars. Der Krieger musste sich ein neues Zuhause suchen. Politisch waren die Apachinnen nicht so mächtig wie die Irokesinnen. Das lag daran, dass ihr Stamm nicht so stark organisiert und zentralisiert war, und Macht deswegen immer nur über eine kleine Gruppe ausgeübt wurde. Als Karl May schrieb, dass Winnetou »der Häuptling aller Apachen« war, entsprang das seiner Fantasie. So ein Oberhaupt gab es in der Apachenwelt gar nicht. Frauen konnten allerdings genau wie Männer hohes Ansehen erwerben. Bei Treffen der sehr eigenständigen Clangruppen hätte man auf das Wort einer erfahrenen und geachteten Frau gehört, aber sie hätte genauso wenig wie ein Mann anderen Gruppen etwas befehlen können. Geht es jeden Tag ums Überleben, kann sich niemand erlauben, Talente ungenutzt zu lassen. Deshalb waren Apachinnen nicht nur die Bewahrerinnen der Rituale und Traditionen, sie konnten sich auch als Kriegerinnen hervortun. Die Chiricahua-Apachen zum Beispiel erkannten neidlos an, dass ihre Schamanin Lozen am besten von allen mit Pferden umgehen konnte, Lozens Reitkünste waren weithin berühmt. Sie diente ihrem Stamm als hervorragende Späherin und im Kriegsrat wurde ihr strategischer und spiritueller Rat gehört. Eine weitere berühmte Apachen-Kriegerin war Tah-das-te. Sie kämpfte zusammen mit Cochise, später an Lozens und Geronimos Seite in vielen Schlachten gegen Mexikaner und US-Armee. Weil sie fließend Englisch sprach, vermittelte sie als Unterhändlerin in Friedensverhandlun-

Sie hatte alle und alles überlebt.

gen. Als sie 1886 zusammen mit Geronimo und Lozen gefangengenommen wurde, war sie gerade einmal 26 Jahre alt. Erst 27 Jahre später kam sie frei und durfte sich ins Reservat der Mescalero-Apachen zurückziehen. Sie hatte alles und alle überlebt – Kriege, Überfälle und Hinterhalte, Lungenentzündung und Tuberkulose ... 1955 starb Tah-das-te mit 95 Jahren. Was für ein Leben! Was für eine Frau!

Fakten lügen nicht

Finanzbranche, Getränkeindustrie, Metallbau, Elektrotechnik und viele Branchen mehr sind ehemalige Männerdomänen, in denen es lange gedauert hat, bis weibliche Kolleginnen Fuß fassen konnten. Auch die Versicherungsvertreter-Branche war früher Männersache. Kürzlich traf ich bei einer Tagung einen Versicherungsvertreter, der mir beim Absacker an der Bar sein Leid klagte. »Mit diesen ganzen Frauenquotendiskussionen hat man die Büchse der Pandora geöffnet«, sagte er mir. Ich hörte heraus, dass man sich jetzt »richtig benehmen« müsse, die Zeit der Herrenwitze und testosteronlastigen Trinkgelage sei dem Untergang geweiht. »Zu allem Überfluss«, sagte er, »bekommen die Frauen jetzt auch noch bessere Prämien als wir Männer.« Das interessierte mich. Als ich nachhakte, musste der Mann kleinlaut eingestehen, dass auf den ersten vier Plätzen der Top 10 seiner Vertriebsregion ausnahmslos Frauen standen.
Die Kommunikationsbranche hat dagegen schon immer von der Exzellenz der Frauen profitiert, hier waren von Anfang an überdurchschnittlich viele Frauen am

Start. Als ich zu Beginn der Neunziger Geschäftsführer bei Stein Promotions in Düsseldorf war, musste man männliche Kollegen fast mit der Lupe suchen. Nicht etwa aus Gründen der *political correctness*, den Begriff kannte damals kaum jemand, sondern schlicht und einfach, weil ich mit Frauen im Team beste Erfahrungen gemacht hatte – in der Rolle als Mitarbeiterin und auch als Führungskraft. Oft saßen ich und andere Verantwortliche beieinander und besprachen, wer intern die Leitung eines neuen Projektes übernehmen sollte. Dann legten wir drei Zettel vor uns auf den Tisch, auf die schrieben wir die Fakten. Wir brachten nicht nur die *hard facts*, also Zahlen wie Umsatzrendite etc. aufs Papier, sondern auch die *soft skills,* zum Beispiel: »kann verhandeln, präsentieren, hat einen guten Draht zum Kunden, hat das Team im Griff«. Auch wenn manchmal etwas anderes behauptet wird – soziale Intelligenz ist messbar. Denn ein Team, das sich wohl fühlt, gut aufeinander eingespielt ist und keine allzu große Fluktuation aufweist, leistet langfristig einen besseren Beitrag als eines, in dem die Mitarbeiter dauergestresst und unzufrieden sind. In den Agenturen, in denen ich gearbeitet habe, entschieden wir uns oft für eine der weiblichen Kandidaten, denn meist waren sie es, die Teams erfolgreich machten.

Natürlich musste ich mir jede Menge Sprüche anhören, wenn ich wieder mal eine Frau eingestellt oder befördert hatte. Dann hieß es unweigerlich: »Öööh, der Franky steht auf die Neue!« Ich störte mich nicht daran. Wichtiger war mir, dass meine Leute top waren und bei den Kunden gut ankamen. Einmal nahm mich

Soziale Intelligenz ist messbar.

die PR-Chefin eines großen Nahrungsmittelkonzerns zu Beginn unserer Zusammenarbeit zur Seite und bat sogar darum, möglichst viele Frauen im Beratungsteam zu haben. Denn mit »den männlichen Weltmeister-Beratern mit dem Colt im Anschlag« hatte sie schlechte Erfahrungen gemacht. Deren allzu selbstsicheres Auftreten würde sie nur aggressiv machen, sagte sie mir. Natürlich schickte ich ihr unsere besten Mitarbeiterinnen. Jahrelang arbeiteten die Kundin und das Team hervorragend zusammen.

Mutter der Kompanie

Einen gab es allerdings, der es bei Stein Promotions anfangs an sozialer Intelligenz hat fehlen lassen. Das war ich selbst. Als junger Geschäftsführer, ich war gerade einmal 29 Jahre alt, hatte ich tausend Ideen und einen Firmeneigner, der mich machen ließ. Der Erfolg war da, alles im Lack. Ich dachte, im Schnelldurchgang in die Führungsposition hineinwachsen zu können, auch mit Hilfe von Büchern und Seminaren. Aber für Lebenserfahrung gibt es keine Abkürzung, deshalb hatte ich keine Ahnung von den Unterströmungen in meinem Team. Noch schlimmer war: Ich hatte keine Ahnung, dass ich keine Ahnung hatte.

Ich hatte zum Beispiel nicht gecheckt, wie kniffelig die Situation sein kann, wenn eine Probezeit zu Ende geht und die Frage im Raum steht: übernehmen oder nicht? Der Chef selbst – in diesem Falle also ich – favorisiert meistens die Übernahme; er muss dann die Stelle nicht wieder neu ausschreiben und hat die Sache vom Tisch.

Der Teamleiter wird seinem Chef gegenüber nur ungern damit rausrücken, wenn er ein Problem mit dem Mitarbeiter hat. Er will ja zeigen, dass er alles im Griff hat. Und vor allem dann, wenn es menschlich passt, drücken Kollegen gerne mal beide Augen zu, statt sich einzugestehen, dass der Neuzugang dem Team nicht viel bringt. Dies ist nur *ein* Beispiel dafür, dass du ein Feeling für deine Mannschaft entwickeln musst, um gute Entscheidungen treffen zu können. Es dauert aber viele Jahre, bis sich genügend Erfahrung angesammelt hat, um ein richtiger Leader sein zu können. Weil man meistens aus Misserfolgen lernt, hatte ich noch viele, viele Misserfolge vor mir.

Ich hatte keine Ahnung, dass ich keine Ahnung hatte.

Der zweite Geschäftsführer in der Agentur war ein alter Hase. Dass ich Jungspund in puncto Menschenkenntnis noch Lücken hatte, merkte er natürlich sofort. Er kam auf die Idee, eine erfahrene Kraft einzustellen. So stieß Silke zu Stein Promotions. Sie war unsere Assistentin, übernahm Sonderaufgaben, half in den Projekten, wenn Power fehlte, kümmerte sich um IT-Aufgaben. In all diesen Funktionen war sie bald unersetzlich. Am wertvollsten für mich aber war ihr untrügliches Gefühl dafür, wenn in einem der Teams etwas nicht stimmte. Sie spürte die Schwingungen und sah voraus, dass zwei nicht auf der gleichen Welle surften, bevor die beiden es selbst merkten.

Sie war noch nicht lange bei uns, da riet sie mir, einen bestimmten Mitarbeiter, der mit mir an einem Projekt arbeitete, in einer anderen Mannschaft unterzubringen. Ich verstand gar nicht, was sie meinte. Das Team funktionierte doch, der Kunde war happy!

»Silke, du siehst Gespenster«, meinte ich und machte
... nichts. Silke zog nur die Stirn kraus. Sechs Wochen
später kündigte der Mitarbeiter und ging zur Konkurrenz. Im Exit-Gespräch kam heraus, dass er unglücklich
mit seinem Teamleiter gewesen war. »Warum hast du
denn nichts gesagt?«, fragte ich ihn. Er zuckte nur die
Schultern. Das habe ich erst lernen müssen: Nicht jeder ist so wie ich ein offener Kommunikator, der direkt
ausspricht, wenn ihm etwas nicht gefällt. Ich war gar
nicht auf die Idee gekommen, dass es auch Menschen
gibt, die die Dinge so lange ertragen, bis sich ihnen ein
Fluchtweg öffnet. Fortan hörte ich auf Silkes Intuition,
ließ Mitarbeiter in andere Teams wechseln, wenn sie
mal wieder ein untrügliches Gefühl hatte. Ich konnte
Silke auch immer fragen: »Sag mal, was ist denn mit
XY los?« Es wäre für mich ein Horror ge-

Nutzen für alle statt Spitzel-Nummer.

wesen, wenn ich einen launigen Spruch
losgelassen hätte, um einen vermeintlich
mit dem falschen Fuß aufgestandenen Mitarbeiter ein
bisschen aufzumuntern, und dann wäre herausgekom-
men, dass er einen Trauerfall in der Familie hat.
Natürlich ging es mir nicht um Überwachung. Petzerei
finde ich grauenhaft. Silke wusste sehr gut, was dem
Team gut tut, und was nicht. Nie hat sie mir etwas zu-
getragen, das nicht für meine Ohren bestimmt gewesen
wäre. Diese Balance zu halten war ihre größte Leistung.
So sorgte Silke für gute Stimmung in den Teams und
verhinderte im Lauf der Zeit viele Kündigungen. Für
das Unternehmen war ihr Beitrag reines Gold. Denn
eine zu hohe Fluktuation ist eines der größten Probleme im Dienstleistungsbereich; nichts hasst der Kunde
mehr, als einen Wechsel im Team. Und der zwangsläu-

fige Erklärungsnotstand, in den du als Chef dann gerätst, ist auch nicht gerade angenehm.

Reise in die Zukunft

Dass Menschen eingestellt werden, um für ein gutes Be-
triebsklima und Lebensqualität zu sorgen, ist in vielen
Unternehmen Wirklichkeit geworden. Es ist ein Beruf,
der Zukunft hat und einen wertvollen, nicht zu unter-
schätzenden Beitrag leistet, die Arbeitswelt von morgen
zu gestalten. Der eine hat einen Fleck im Hemd, der
andere Liebeskummer, alle freuen sich über die Oster-
eier-Deko. Wer nicht gut drauf ist, wendet sich an die
»Mutter der Kompanie«, ohne befürchten zu müssen,
dass das gleich in der Personalakte landet. Für alle Beteiligten erweist sich dieses Engagement als unglaublich
wertvoll. Die Krankheitsquote sinkt, alle sind happy.
Achtung! Wer gleich an eine Frau gedacht hat, die für
das Wohlbefinden des Teams sorgt, darf sich nun er-
tappt fühlen. Auch Männer können so einen Job machen, so ganz unempathisch sind wir ja nicht. Es wäre
ein Schritt zurück, Frauen auf eine Rolle als Maskott-
chen im Pink Ghetto zu reduzieren. Dass sie selbstverständlich auch andere Dinge drauf haben, als andere
zu bemuttern, habe ich schon Mitte der 80er Jahre aus
allernächster Nähe erfahren dürfen.
Damals trat ich in der Kommunikationsabteilung
bei Henkel meinen ersten richtigen Job an. Die Hen-
kel-Welt war noch sehr männerlastig, selbst in der
Abteilung der Unternehmenskommunikation waren
wir bis auf eine Assistentin eine reine Männergruppe. **85**

Ich war erst wenige Wochen dabei, da machte eine echte Powerfrau eine Runde durch unsere Abteilung. Und was für eine: groß, smart, mit wehender blonder Mähne. Wer war das? Was wollte die? Die älteren Kollegen vermuteten, dass sie Kaffee bringen will – so fest waren damals noch die Rollen im Kopf verteilt. Dass sie unsere neue Chefin werden würde, war das letzte, womit wir rechneten.

> **Die Kollegen meinten, dass sie den Kaffee bringt.**

Meine Kollegen beäugten die schöne Blonde anfangs mehr als kritisch, aber ich war sofort Feuer und Flamme. Denn »die Neue« brachte einen ganz neuen Spirit in die Kommunikationsabteilung. Sie wollte zum Beispiel den drögen Geschäftsberichten, die zu jener Zeit fast zu 100 Prozent aus Zahlen, Listen und Tabellen bestanden, einen ganz neuen Dreh geben. Ansprechender sollte das Medium werden, mit menschlichem Touch. Das gefiel mir gut und entsprach meiner Arbeitsweise, also machten wir uns gemeinsam daran, den aktuellen Geschäftsbericht mit starken Bildern anzureichern und auch mal Mitarbeiter aus dem Unternehmen zu Wort kommen zu lassen. Heute ist es ganz normal, dass Geschäftsberichte wie Imagebroschüren daherkommen, doch damals war es schon höchst ungewöhnlich, mal ein Foto mit Menschen einzubinden. Um die Sache richtig rund zu machen, hatte die Grafik ein futuristisches Design entwickelt. Als wir nach harter Arbeit das Probeexemplar zum ersten Mal vor uns liegen hatten, sah es wirklich spektakulär aus. Nun gab es nur noch einen Haken: Das neue Format musste vom Vorstand noch abgesegnet werden. Dazu musste meine Chefin als einzige Frau in einer reinen Herrenrunde vortragen. Ich dachte noch:

»Das schafft sie nie!« Aber sie bekam den neuen Geschäftsbericht durch – Titel, Optik, alles. Ich war baff.
Ihr Erfolgsrezept: Sie hatte drei Varianten der neuen
Broschüre in das Meeting mitgenommen. Eine war wie
gewohnt reines Zahlenwerk. Die zweite war etwas mo-
derner, mit dem einen oder anderen Foto. Und dann
war da noch unser Favorit, der mit allen Traditionen
brach. Mit diesen drei Varianten im Gepäck nahm sie
die hohen Herren mit auf eine Reise in die Zukunft. Zuerst stellte sie nur die ersten beiden Varianten vor. Es
wurde schnell klar, dass die progressivere gut ankam,
das war schon mal ein gutes Zeichen. **Natürlich wollten**
Dann schaltete sie noch einen Gang hoch **alle den Future-**
und sagte, dass sie noch eine ganz mutige **Entwurf sehen.**
Variante im Koffer hätte, sehr modern,
ein echtes Statement für die Zukunftsfähigkeit des
Managements. Wenn jemand Interesse hätte, könne
sie die gerne zeigen, nur mal so als künftige Idee ...
Natürlich wollten alle den Future-Entwurf sehen. Und
weil alle als zukunftsfähige Manager gesehen werden
wollten, winkten sie ihn ohne große Diskussion durch.
Mit anderen Worten: Meine Chefin knallte den Vor-
ständen das neue Design nicht nach Überfallkomman-
do-Manier auf den Tisch, sondern hatte ein Auge dafür, wie viel auf einen Schlag ihre Gegenüber verkraften
können. Behutsam leitete sie ihr Publikum ins Ziel.
Heute ist diese Denke selbstverständlich. Doch ich bin
mir sicher: Ein Mann hätte das seinerzeit anders ange-
packt. Er hätte die von ihm favorisierte Idee als große
Sache präsentiert und wäre mit großer Wahrscheinlichkeit damit vor die Wand gelaufen.
Längst ist es auch für Männer ganz selbstverständlich, **87**

nicht mit der Tür ins Haus zu fallen und eine Friss-oder-stirb-Variante durchzuziehen. Sie sind in der Regel smarter geworden. Was seit etwa zwanzig Jahren in Fortbildungen, Coachings etc. vermittelt wird, kommt allerdings nicht von ungefähr. Ich bin überzeugt, dass sich die Männer viel von den Frauen abgeschaut haben – auch wenn viele das niemals zugeben würden. Dieses Voneinander-Lernen funktioniert natürlich auch in umgekehrter Richtung. Meine damalige Chefin konnte auch ganz andere Saiten aufziehen als ihre vorbildliche Kommunikation, mit der sie alle immer ins Boot holte. Wenn das große Rumdiskutieren anfing, wurde sie auf ganz männliche Art sehr deutlich: »Das machen wir jetzt so. Punkt.« Und dann wurde es auch so gemacht.

Raus aus der Haltebucht

Eine besonders männliche Branche war die Automobilbranche. Hier arbeiteten die »Car Guys«, eine weibliche Formulierung war im Sprachgebrauch der Asphalt-Cowboys nicht vorgesehen. Geradezu der klassische Gegenentwurf zu dieser Männerwelt ist die Marketing-Fachfrau Tina Müller. Sie hatte bei L'Oréal und Wella angefangen, bei Henkel entstaubte sie die altbackene Marke Schwarzkopf und brachte die Marke Syoss auf den Weg. Obwohl sie sehr erfolgreich war – oder gerade deswegen – wurde die Frau mit der Lockenmähne von der männlichen Konkurrenz auch mal »Shampoo-Prinzessin« genannt. Es gab geradezu ein Erdbeben in der Branche, als sie 2013 auf Vorstandsebene und verantwortlich für Marketing beim

Rüsselsheimer Autobauer Opel hinter dem Lenkrad Platz nahm. Daran, dass sich Frauen in der Kosmetikindustrie durchgesetzt hatten, hatte sich die Männerwelt gewöhnen müssen. Aber dass sie nun auch noch meinten, beim Thema Auto mitreden zu können? Musste das sein? Auf Branchenevents hörte ich von so manchen altgedienten Automotive-Haudegen zynische Sprüche über die neue Opel-Frau. Der Grundtenor lautete: »Die kann Haare. Aber Autos?« Tina Müller belehrte die Zweifler umgehend eines besseren und verdiente sich Respekt – durch Kompetenz, nicht durch schöne Haare. Unter ihrer Marketing-Leitung entstanden tolle Werbung und starke Statements. Opel verabschiedete sich von seinem Spießer-Image und wurde wieder als attraktive Marke wahrgenommen.

»Umparken im Kopf« hieß der Claim, der in ihrer Amtszeit für Opel zum Einsatz kam. Umparken im Kopf wird auch noch so manches Unternehmen müssen. Denn die Zeiten der Herrenrunden sind ein für alle Mal vorbei. In der Autobranche genauso wie in jeder anderen auch.

> »Die kann Haare. Aber Autos?«

KAPITEL 5
BÜCHSENMACHER HENRY 4.0

....

*Die digitale Revolution muss man nicht fürchten,
denn sie erschafft meist nur Altbekanntes in neuer
Aufmachung. Wer nicht vergisst, dass seine wahre
Heimat die analoge Welt ist, kann die sagenhaften
Errungenschaften der Technik ohne Gefahr
nutzen. Schon Old Shatterhand fuhr zweigleisig:
Er besaß den zuverlässigen Bärentöter und den
hypermodernen, 25-schüssigen Henrystutzen. So
war er für jede Gelegenheit bestens gewappnet.*

Meine Mutter ist 83 Jahre alt, vor einigen Monaten
fing ihr neuer Job an. Sie arbeitet für VerA, eine Organisation, die sich der Verhinderung von Ausbildungsabbrüchen verschrieben hat. Der Anlass ist, dass in
Deutschland etwa jeder vierte Azubi vorzeitig seinen
Lehrvertrag kündigt, und nur jeder zweite der Abbrecher seine Ausbildung in einem anderen Betrieb fortsetzt. In so einem Fall verlieren alle: Ohne Abschluss
haben es die jungen Erwachsenen schwer, in der Gesellschaft Fuß zu fassen, der Wirtschaft mangelt es an
Fachkräften und der Allgemeinheit fehlen nicht nur
Rentenbeiträge, sondern auch der kreative Input derjenigen, die sich ins Abseits manövriert haben. Um das
zu verhindern, bringt VerA ältere Mentoren und junge
Menschen, die sich mit ihrer Ausbildung schwer tun,
zusammen. »Das finde ich gut«, meinte meine Mutter,
als sie von VerA hörte, und meldete sich für das Eh-

renamt. Sie nahm eine junge Frau unter ihre Fittiche, die bei der Abschlussprüfung zur Chemielaborantin durchgefallen war. In puncto didaktischer Wissensvermittlung war meine Mutter mit ihrer Erfahrung als Lehrerin schon immer top. Nun brachte sie sich in Sachen Chemie auf Stand und begleitete ihren Schützling bis zur Nachhol-Prüfung.

Gut, dass wir Geschwister unserer Mutter zum 80. Geburtstag ein MacBook geschenkt hatten. Ihre ersten Schritte in der digitalen Welt hatte sie also schon hinter sich. Ganz ohne Verluste war das allerdings nicht abgegangen. Einmal schrottete sie einen Akku, ein anderes Mal bestellte sie etwas, was sie gar nicht haben wollte. Doch solche Anfangsprobleme waren schnell überwunden. Wie ein alter Hase öffnet meine Mutter Fotos, schreibt Mails, schickt Links, sucht sich bei Google Lehrstoff zusammen und klärt per WhatsApp mit der angehenden Chemielaborantin ab, wann sie sich das nächste Mal wieder zum Lernen treffen. Alles kein Problem für sie, deshalb ist sie mittendrin im Leben.

> Wer mit der Fernbedienung umgehen kann, schafft auch Smartphone und WhatsApp.

»Rumsitzen und Kaffeetrinken ist was für alte Leute«, sagt meine Mutter und schaltet ihren Laptop ein. Sie hat keine Scheu vor der digitalen Technik, der Rest kommt fast von allein – wer mit einer TV-Fernbedienung umgehen kann, schafft auch Smartphone und WhatsApp. Übrigens: Die junge Frau hat ihren Abschluss im zweiten Anlauf bestanden.

Du kannst dich notgedrungen und mit inneren Widerständen mit der digitalen Technik auseinandersetzen. Du kannst aber auch mit Offenheit und Entdeckerfreude an das Thema herangehen. Das gilt natürlich nicht nur für ältere Semester, sondern auch für diejenigen, die mitten im Berufsleben stehen und es vielleicht schon müde sind, sich immer wieder an neue Arbeitsumgebungen und -abläufe zu gewöhnen. Doch die digitale Revolution ist nun mal da und sie wird auch nicht mehr verschwinden. Das ist Fakt. In der Vergangenheit hat sich oft genug gezeigt, dass sie uns viele Vorteile gebracht hat. Wenn du deine Zugehörigkeit zur analogen Welt nicht vernachlässigst und nicht vergisst, an deinem Privatleben teilzunehmen, wirst du die positiven Seiten der Technik genießen können.

Hanteltraining und Funklöcher

Als ich ins Arbeitsleben einstieg, musste ich auf dem Weg zum Kunden noch nach gelben Telefonzellen Ausschau halten, um mir Updates aus dem Büro abzuholen. Einige Jahre später hieß es dann im Team: »Wer bekommt heute den Backstein?« Gemeint war das tonnenschwere Philips C-Netz-Porty, mit dem man auch vom Auto aus telefonieren konnte. Das Porty zum Parkplatz zu tragen war wie Hanteln schleppen. Und zuverlässiges Telefonieren war auch nicht drin. Ein Funkloch reihte sich an das nächste, so dass sich die Kommunikation meistens so anhörte: »Hallo? Hallo? Hörst du mich? Ja, jetzt haben wir wieder Verbindung ... Hallo?« Es war buchstäblich eine Erleichterung, als 2002 die ersten Blackberrys mit integriertem Telefon auf den Markt kamen. Ihre Technik schenkte mir die unglaub-

Auf der Suche nach der gelben Telefonzelle.

liche Freiheit, zu jeder Zeit und von jedem Ort aus agieren zu können. Jahrelang waren mein Blackberry und ich ein untrennbares Team. Nach kurzer Zeit konnte ich auf ihm tippen ohne hinzusehen. Legenden rankten sich um ihn und mich. »Keiner antwortet schneller als Franky«, hieß es, oder: »Er benutzt seinen Berry wie einen Colt.«

An einem grauen und nasskalten Morgen im Januar 2011 musste ich mich von meinem geliebten Partner verabschieden, denn mein neuer Arbeitgeber setzte auf Apple. Ein letztes Mal strich ich über die abgegriffene Oberfläche meines Blackberrys, sein royales Blau schimmerte längst nicht mehr. Das neue iPhone mochte ich überhaupt nicht, ich grummelte. Die Macht der Gewohnheit sorgte dafür, dass ich anfangs überhaupt nicht mit dem Ding zurechtkam. Doch nach einer kurzen Eingewöhnungsphase fanden wir zueinander. Heute bin ich Fanboy Nummer 1 meines kleinen Gerätes mit dem angeknabberten Apfel. In der Welt der Netzwerke und Apps lasse ich keine Welle aus und suche mir genau heraus, was ich brauche, und was nicht. Oft werde ich gefragt: »Du bist doch auch nicht mehr der Jüngste. Wie findest du dich denn nur in diesem Chaos zurecht?« Die Antwort ist ganz einfach: Ich setze mich abends auf die Couch und fummle mich mit kindlicher Neugier durch. Und wenn ich es kapiert habe, entscheide ich: Ist das was für mich? Snapchat zum Beispiel ist mir zu zappelig und hektisch. Dafür twittere ich wahnsinnig viel und gerne. Ich setze mich nicht etwa hin und verteile eine Stunde lang Foto und Infos, dazu wäre mir meine Zeit zu schade. Ich nutze den Messen-

> Sich auf die Couch setzen und sich durchfummeln.

ger-Dienst fast ausschließlich to-go. Wo ich bin, ist auch mein Twitter-Account, was mich interessiert, teile ich mit den passenden Leuten, das dauert nur ein paar Sekunden. Andersherum teilen mir Menschen auch ganz schnell und spontan etwas mit. So erweitert sich mein Horizont und es macht auch noch Spaß!

Seit Jahren hänge ich also am Smartphone. Auf den ersten Blick könnte man auf die Idee kommen, dass dies der Grund für das Scheitern meiner ersten Ehe war. Doch das wäre eine Verwechslung von Ursache und Wirkung. Für mich war es damals wichtiger, mich um das Business zu kümmern, statt um meine Familie – diese Fehleinschätzung war hundertprozentig analog! Hätte es damals keine Handys und keinen Mailverkehr gegeben, hätte ich meine super-wichtigen Memos auf Rinde oder in Stein gekratzt. Heute habe ich meine Prioritäten besser gewählt: Meine Familie ist unangefochten die Nummer 1. Und das Smartphone ist mein Freund und Helfer, mit dessen Hilfe ich Informationen verteile und einsammle. Das ist für mich alles andere als Stress. Ganz im Gegenteil: Technik hilft mir, mehr Zeit für meine Frau und meine Kinder zu haben. Ich weiß, das sage ich nicht zum ersten Mal – aber dieses Thema treibt mich ganz intensiv um, daher wiederhole ich mich hier auch gern mal.

Alles bleibt anders

Viele Menschen nehmen Technik allerdings ganz anders wahr, sie fühlen sich fremdbestimmt. Kein Zweifel, unsere Gesellschaft hat sich von den Möglichkeiten der digitalen Geräte überrollen lassen und war in den vergangenen zwei Jahrzehnten viel zu technikverrückt. Teilweise erwarteten Chefs von ihren Mitarbeitern, dass sie bis spät in die Nacht und im Urlaub ihr Smartphone dabei haben. Ich selbst bin praktisch rund um die Uhr erreichbar, aber das ist meine ganz persönliche Entscheidung. Von anderen habe ich das nie erwartet. Denn ob und wie ein Smartphone in der Tasche und ein entspanntes Wohlgefühl zusammenpassen, ist eine sehr individuelle Angelegenheit. So lange der Gesamtbetrieb nicht ins Stocken kommt, soll das jeder so halten, wie es zu ihm passt.

Doch nicht nur Monkey Business und der Fluch der ständigen Erreichbarkeit sind ein Problem. Viel wurde und wird immer noch privat herumgesurft. Stunden über Stunden wertvoller Lebenszeit gehen da verloren. Macht es wirklich Sinn, vier Stunden am Stück an irgendeinem Computerspiel herumzudaddeln? Je mehr die digitalen Medien unseren Alltag durchdringen, desto

> **Will ich hier und jetzt gestört werden oder nicht?**

klarer muss jeder Einzelne für sich persönlich entscheiden, wann er sich abmeldet. Dass es im Flugzeug mittlerweile WLAN gibt, macht mir keine Angst, sondern spornt mich nur noch mehr an, in verschiedensten Situationen zu überlegen: Will ich hier und jetzt gestört werden oder nicht?

Digitale Technik wird nicht nur als gefährlicher Zeitfresser wahrgenommen. Vor allem in der Generation 45 plus gibt es auch die Angst, mit der Geschwindigkeit der Veränderungen nicht mithalten zu können. Dazu kommt die Sorge, dass Computer und Roboter uns früher oder später die Arbeit wegnehmen werden. Es stimmt, viele

Berufe wird es in absehbarer Zeit nicht mehr oder nur in abgewandelter Form geben. Aber ist das immer ein hundertprozentiges Bedrohungsszenario?

Ende der Fünfziger gab es im Ruhrgebiet noch an die 150 Zechen, 600.000 Menschen fanden hier Lohn und Brot. Ende 2018 wird die letzte Zeche schließen, und auch die letzten 3.900 Kumpel werden dann nicht mehr einfahren. Das ist traurig, weil eine jahrhundertealte Tradition ihr Ende findet und wohl auch die einzigartige Kameradschaft, die Bergleute untereinander verbindet, verschwinden wird. Und andererseits: Es hat seinen Grund, warum man sich im Bergbau offiziell schon mit 49 Jahren aus dem Beruf verabschieden kann. Nach Gerüstbauer und Dachdecker haben Bergleute laut Statistischem Bundesamt den gefährlichsten Job, jeder zweite Bergmann erhält noch vor geplantem Rentenbeginn eine Erwerbsunfähigkeits- oder Erwerbsminderungsrente. Und noch etwas zeigt das Beispiel der Bergleute: Wechsel finden nicht immer wegen digitaler Entwicklungen statt. Bergbau in Deutschland ist einfach zu teuer geworden.

Man vergisst leicht, dass das ganze Leben aus einem Wechsel nach dem anderen besteht. Das Umsteigen hört nie auf, das war auch schon vor der digitalen Revolution so. Sie hat allerdings den Turbo in die Geschwindigkeit gebracht, mit der sich das Leben um uns herum verändert. Immer gilt es, Ängste zu überwinden und sich auf das Neue einzulassen. Ich kann mich noch gut daran erinnern, wie es auf einmal unter uns Kindern der Nachbarschaft uncool wurde, mit Dreirad und Roller zu fahren. Praktisch über Nacht musste ich Fahrradfahren können, um mithalten zu können. Ich legte mich ein paar Mal auf die Nase, bevor ich endlich stolz wie Oskar auf zwei Rädern vorfahren konnte.

Nie kann man sich zurücklehnen und sagen: »Ab jetzt läuft alles wie auf Schienen.« Immer ist irgendwas. Als ich 1998 bei der PolyGram-Tochter Karussell anfing, gab es alle Kinder-Hörspiele von Räuber Hotzenplotz bis Pippi Langstrumpf auf Audio-Kassette, die hatte die gute alte Langspielplatte abgelöst. Ich war erst kurze Zeit an Bord und kaum akklimatisiert, da brach der große Wechsel von Kassetten auf CD über die Branche herein. Es war Stress pur, aber wir haben überlebt. Später killten Downloads die CD – wieder so ein fliegender Wechsel. Heute streamen sich meine Kinder die legendären »Die drei ???« und hören den Geschichten mit Justus, Peter und Bob in kristallklarer Audioqualität genauso gebannt zu, wie ich vor 45 Jahren dem leiernden Kassettenrekorder.

Das Umsteigen hört nie auf.

Eins ist klar: Was morgen sein wird, ist ungewiss. Klar ist aber auch, dass Angst ein schlechter Begleiter in die Zukunft ist. Wandel hat es immer gegeben. Und es gibt uns immer noch – ein guter Grund, mit etwas mehr Gelassenheit und Mut deinen Sorgen positiv entgegenzutreten.

Programmdirektor des eigenen Lebens

Der Wandel fordert dir nicht nur Flexibilität ab, er schenkt sie dir auch. Ich finde es im Wortsinne sehr befreiend, dass ich nicht mehr wie angeschraubt am Schreibtisch sitzen muss. Heute arbeite ich auch an

Orten wie der Basketballhalle meines Sohnes, beim Warten darauf, dass der Ballettunterricht meiner Tochter zu Ende ist, abends zu Hause oder wenn ich am Rheinufer mit dem Hund unterwegs bin. Ich empfinde das als eine unglaubliche Zunahme an Lebensqualität. Auch die Agentur profitiert: In entspannter Atmosphäre kommen mir schneller gute Ideen, als wenn ich vor dem Computer im Büro sitze. Und besser sind sie oft auch noch.

Unternehmen wie der Onlineshop Zappos in Amerika zeigen uns, wie die Zukunft der Arbeit aussieht. Es gibt keine festen Führungsstrukturen mehr, Menschen arbeiten mit temporären Projektleadern in flexiblen Workgroups. Sie leisten ihre Arbeit dann, wenn sie es für richtig halten, Hauptsache, die Ergebnisse sind am Ende termingerecht vorzeigbar. Diese Art zu arbeiten erlaubt ein nie dagewesenes Maß an Selbstbestimmung.

Auch außerhalb der Arbeitswelt stehen die Zeichen auf Unabhängigkeit. Kann sich jemand noch an die früher regelmäßig ausbrechende Hektik erinnern, wenn es auf halb Sieben zuging? Um Punkt 18.30 Uhr waren die Rollos unten. Egal ob einer dringend noch einen Liter Milch brauchte oder nicht. Heute hat mein Supermarkt um die Ecke bis 22 Uhr auf und niemand sagt mehr: »Wenn ich jetzt nicht losfahre, hat der Laden schon zu.« Ich muss auch nicht mehr zur Bank gehen, um Überweisungsscheine abzugeben. Per Online-Shopping bestelle ich mir rund um die Uhr alles ins Haus. All dies erlaubt eine effiziente Zeitnutzung, aber vor allem ein ungeheures Freiheitsgefühl.

Um Punkt 18.30 Uhr waren die Rollos unten.

Ich muss aber auch zugeben, auf manchen Gebieten bin ich noch getaktet wie vor zwanzig Jahren. Ich gehe zum Beispiel immer noch samstags zum Friseur um die Ecke. Eigentlich ist das totaler Blödsinn, denn dann sind auch all die alten Damen aus dem benachbarten Altersheim im Salon. Ich muss also deutlich länger warten, bis ich dran bin, als wenn ich zum Beispiel dienstags um 11 Uhr gehen würde. Aber ich mag es so, auch diese Freiheit nehme ich mir gerne.

Mais und Bohnen

Der Stamm der Pamunkeys lebt im heutigen Virginia, so wie zu der Zeit, als seine Angehörigen zum ersten Mal mit den Weißen in Kontakt kamen und eine der Stammestöchter, Pocahontas, Geschichte machte. Auch die Art und Weise, wie sie ihren Häuptling wählen, hat sich in 400 Jahren nicht verändert. Die Stammesmitglieder treffen sich zum Stammesrat und geben ihre Stimme ab: Ein Maiskorn bedeutet Ja, eine Bohne heißt Nein. Natürlich könnten die Pamunkeys auch Touch Pads und ein Voting-System nutzen, sie sind ja nicht von gestern. Aber warum sollten sie das tun? Es gibt nur noch 200 Stammesangehörige, und die wohnen auf einem nur ein paar Quadratkilometer großen Gebiet. Also kommen sie zusammen und wählen mit Gemüse – das macht mehr Spaß und hält die Tradition aufrecht.

Es wird viel Bohei gemacht um die Digitalisierung. Dabei ist sie im Grunde meist nichts anderes als die Technisierung von Abläufen, die es immer schon gegeben hat. Am Ende des Tages kommt dasselbe heraus, nur schneller und effizienter (nicht immer, aber immer öfter). Wurde vor fünfzig oder fünfhundert Jahren ein Haus gebaut, gab es vom Legen des Fundaments bis zum Richtfest genauso einen Workflow wie heute. Der einzige Unterschied ist, dass früher der Polier mit dem Bauplan in der Hand die Ansagen gemacht hat. Heute unterstützt eine Computeranwendung die Menschen darin, den Überblick zu bewahren. Kein Grund, sich überrollt zu fühlen. Denn im Mittelpunkt steht immer der Mensch. Seine Warmherzigkeit und Kreativität kann Technik vermutlich niemals ersetzen.

Meine erste Lehrerin hieß Frau Hofmann. Ich habe sie als eine zauberhafte Person in Erinnerung, die immer strahlend gute Laune hatte – so wie der Himmel über der Copacabana. Jede Woche ließ sie uns eine lachende Sonne basteln. Die sollten wir am Wochenende jemandem schenken, der nicht so strahlte wie die Sonne. Und am Montag durften wir erzählen, ob sich der Beschenkte gefreut hatte und wir ein Lächeln geerntet hatten. Meine Lehrerin war nicht nur offen und herzlich, sie war auch sehr spontan. Wenn es in den Klassenzimmern zu heiß war, lernten wir draußen. Der Schulhof war unsere Schultafel. Mit Kreide malten wir unsere ersten Buchstaben auf die Pflastersteine, abends spritzte sie der Hausmeister mit dem Wasserschlauch wieder weg. Oft ging Frau Hofmann mit uns an den Strand, auf dem Weg dorthin sangen wir fröhliche Lieder. Mit unseren Schäufelchen legten wir dann Buchstaben oder schrieben mit unseren Fingern Wörter in den Sand. Ich liebte es, in die Schule zu gehen. Und ich liebte Frau Hofmann.

Jede Woche eine strahlende Sonne.

Unvorstellbar, dass Menschen wie Frau Hofmann durch Computer ersetzt werden könnten! Bestimmt würde sie heute Tablets im Klassenzimmer verwenden, man kann ja auch tolle Sachen mit so einem Gerät machen und nicht jede Klasse hat die Copacabana vor der Tür. Aber sie würde darauf achten, dass Technik in sinnvollem Maß eingesetzt wird und dass das Menschliche nicht zu kurz kommt.

Pappe hoch!

Ich will nicht verharmlosen, dass es 600.000 internetsüchtige Kinder und junge Erwachsene gibt und übermäßiger Internetkonsum Sache der Drogenbeauftragten geworden ist. Die meisten Menschen lieben nicht die Technik, sie lieben das Spielen, und digitale Anwendungen halten eine gigantische Palette an Spielmöglichkeiten für sie bereit. Ich denke da zum Beispiel an die Kinder in den Neunzigern, die aus dem Unterricht sprangen, um ihre digitalen Tamagotchis zu füttern. Viele Erwachsene regten sich damals auf. Ich nicht, denn bei allem digitalen Wahnsinn kehren wir immer wieder zu den rein zwischenmenschlichen Aktivitäten zurück und haben auch ohne den Umweg über Bildschirme unseren Spaß.
2014 und 2015 waren die Sommer der Ice Bucket Challenge. 100 Prozent analog! Im Sommer darauf spielten alle Pokémon Go. Kinder und Erwachsene rannten mit ihren Smartphones in der Hand durch die Straßen und suchten nach kleinen Monstern. Ein digitaler Riesenspaß! Und gleichzeitig kamen wildfremde Menschen

miteinander ins Gespräch: »Vorne an der Ecke ist ein Hotspot! Und da hinten kannst du einen Golbat einsammeln.« Ich würde sagen: Trotz allem Gemeckere über die »digitale Verwahrlosung« war in diesem Fall das Verhältnis analog/digital fifty-fifty. Der Sommer 2017 stand wieder ganz im Zeichen des Analogen: Das Lavastrom-Spiel wurde auch schon vor zwanzig und vierzig Jahren gespielt. Die Spielregel ist simpel: Einer ruft »Der Boden ist Lava!« und der andere muss in allen Lebenslagen sofort eine Möglichkeit finden, seine Füße für ein paar Sekunden vom Boden zu bekommen. Nicht nur Kids hatten unglaublichen Spaß an diesen Spökes. Gleichzeitig sorgten die Fidget-Spinner für Furore. Völlig irre! Alle wollten auf einmal mit den Fingerkreiseln herumspielen. Das einzig Digitale an diesen plötzlich aufploppenden Hypes sind die Smartphone-Videos, die bei YouTube hochgeladen und in kürzester Zeit millionenfach angeklickt werden.

Der Wunsch der Menschen, auch mal offline zu sein.

Wir stehen also gar nicht so sehr unter der digitalen Fuchtel, wie es scheint. Jede Kaffeeküche ist eine Bastion der zwischenmenschlichen Beziehungen. Auch die rasant ansteigenden Übernachtungszahlen in Klöstern zeugen von dem Wunsch der Menschen, auch mal offline zu sein. Neulich erzählte mir jemand von einem Hotel, in dem Smartphones keinen Zugang haben. Beim Einchecken wird der Gast durchleuchtet – keine Chance, Smartphone, Tablet oder sonst ein digitales Gerät mit aufs Zimmer zu schmuggeln. Menschen zahlen einen Haufen Geld dafür, dass sie ihr Handy abgeben dürfen und das WorldWideWeb ein paar Tage ohne sie auskommen muss. Du kannst es auch billiger haben: einfach mal abschalten! »Die beste Erfindung ist der Ausschalt-Button«, pflegt mein Freund Rüdiger zu sagen.

Ich sehe auch keinen Sinn darin, Technik nur um der Technik willen einzusetzen. Stundenlang einem Powerpoint-Vortrag nach dem anderen folgen zu müssen, ist unendlich ermüdend und auch nicht sehr nachhaltig: Wirfst du ein Bild an die Wand und klickst nach 20 Sekunden weiter, ist es weg. Deshalb halte ich auch mal eine Pappe mit einem Bild hoch, wenn ich einen Vortrag halte oder eine Idee präsentiere. In kleinem Kreis kann ich die sogar schnell mal rüberreichen. Die Zuhörer sind happy, endlich müssen sie nicht mehr auf eine Wand starren und können jemandem in die Augen sehen! Auch vor ein paar hundert Leuten setze ich auf die Abwesenheit von Technik. Mehr als ein Mikrophon brauche ich nicht. Ein Matchboxauto auf einem Stehtisch ist dramaturgisches Element genug. Denn wie immer im Leben geht es auch auf der Bühne um das Eine: mit einem Gesprächsanlass Menschen zusammenbringen.

Ein Matchboxauto auf dem Stehtisch.

Den Stunt, auf Technik auch mal zu verzichten, habe ich in Harvard verfeinern können. Als ich Manager bei Pleon war, gehörte die Agentur zu BBDO, und BBDO gehörte zu Omnicom. Ein Werbe-Imperium! Jedes Jahr wurden die Länderchefs aller Agenturen im Rahmen eines Senior Executive Programs für eine Woche an die Elite-Uni nach Massachusetts geschickt. Dort sollten sie sich untereinander austauschen und voneinander lernen. Dazu gab es Vorträge und Seminare von Professoren, die uns ausgeklügelte Tools an die Hand gaben, ein guter Häuptling zu sein und nachhaltigen Erfolg zu generieren. Einer unserer Ausbilder war Dan. Er brachte uns bei, wie wir einen *personal footprint* hinterlassen. Damit hatte er alles andere als einen perfekt inszenierten 4D-Vortrag mit Sensurround im Sinn. Er sagte: »Leute, wenn ihr nichts zu sagen habt, dann haltet eine Powerpoint-Präsentation. Wenn ihr nicht reden könnt, zeigt einen Film. Doch wenn ihr reden könnt und was zu sagen habt, dann tut es doch einfach!« Um einfach nur zu reden, braucht es keine digitalen Hilfsmittel. Analoge tun es auch. Ich habe heute noch vor Augen, wie ein Kollege aus Südamerika in Dans Seminar mit Hilfe von zwei Kokosnüssen erklärte, wie ein perfektes Einstellungsgespräch abläuft. Das war so ein irres Bild! Hätte er sich durch eine Präsentation geklickt, hätte ich die Sache längst vergessen.

Gesichter statt Pixel

Public Relations schlägt Brücken von Mensch zu Mensch. Natürlich hält der digitale Fortschritt auch in dieser Branche Einzug. Manchmal werde ich gefragt: »Herr Behrendt, ist denn Unternehmenskommunikation überhaupt noch ein Thema? Es gibt doch schon Bots, die Pressemitteilungen und PR-Berichte ganz von allein schreiben.« Künstliche Intelligenz ist tatsächlich schon so weit, dass sie eigenständig recherchiert und Fakten zusammenstellt. Aber eine tolle Story finden, das kann sie nicht so gut wie eine Trüffelnase aus Fleisch und Blut. Was interessiert die Menschen? Und was ist gähnend langweilig? Das entscheidet der Redakteur in einem zu 100 Prozent kreativen Prozess. Ob er die Geschichte dann mit Bleistift auf einen Notizblock schreibt oder mit viel digitalem Schnickschnack in ein Textfeld zaubert, ist völlig egal.

Jeder kennt das Bild der »Weißen Dame«, die jahrzehntelang vor grünem Hintergrund für Persil warb. Elegant schreitet sie, eine Hand zum übergroßen Hut erhoben, auf den Betrachter zu. Eine Ikone! Vor über 30 Jahren, als ich meinen ersten Job in der PR-Abteilung von Henkel hatte, kam ich auf die Idee, die Weiße Dame zu suchen. Wer war **Die Weiße Dame Erna Webersitzky.** der Mensch hinter dieser Verkörperung der Marke? Die Recherche in staubigen Archiven war langwierig und aufwändig. Ich bekam heraus, dass 1922 der Maler Kurt Heiligenstaedt den Auftrag für das Persil-Plakat bekommen hatte. Als Modell diente ihm seine damals 17-jährige Freundin Erna Muchow. Doch die heiratete später einen anderen, ihr neuer Nachname machte es schwer, sie ausfindig zu machen. Doch mit Hilfe der großartigen Kollegen im Werksarchiv des Waschmittel-Riesen schaffte ich es: Aus Erna Muchow war Erna Webersitzky geworden. Wir machten ein wunderbares Interview miteinander und ihr Bild kam in viele Zeitungen, in der Bild-Zeitung schaffte sie es sogar auf die Titelseite. Für die alte Dame war es eine große Freude, so viel Aufmerksamkeit zu bekommen, und für Henkel war es eine tolle PR. Heute wäre es dank Internet nicht so schwer, die Weiße Dame zu finden. Dank der Technik muss man nicht mehr tagelang herumsuchen. Aber eines kann sie sicher nicht: *Auf die Idee kommen*, nach Erna Webersitzky zu suchen.

Technik schafft Distanz. Gut erzählte Geschichten schaffen Nähe. Sie lassen Menschen zueinanderfinden

– das ist nicht nur in der PR so. »Wie war das denn, als ich klein war?«, fragen schon die Kinder. Dann holen die Eltern die Fotos heraus und fangen an zu erzählen. Eine Zeitlang stand es schlecht um diese Brücke zwischen den Generationen. Tausend digitale Schnappschüsse schliefen allesamt auf ihren Speicherkarten und wurden nie mehr angeschaut. Bald merkten die Menschen, dass ihnen etwas fehlte. Das ist der Grund, warum die Fotobuchhersteller heute so erfolgreich sind. Sie bringen das alte Fotoalbum in neuer Form wieder zurück. Kein umständliches Einkleben und keine herausfallenden Fotos mehr, sondern mit einem Mausklick wird das Bild eingefügt. Jedes Bild ist eine Gelegenheit, Stationen des Lebens, positive wie negative, lebendig werden zu lassen und so die bestehenden Bindungen zu verstärken. Die folgende Geschichte ist ein Beispiel dafür, dass Gesprächsanlässe auch dazu da sind, dass Menschen überhaupt erst zusammenfinden.

Jedes Foto ist ein Gesprächsanlass.

Alle paar Wochen bin ich für einen Abend im Altersheim bei mir um die Ecke zu Gast, wo ich auf einer kleinen Bühne, die nur mit einem roten Sofa ausgestattet ist, zum Gespräch bitte. Gesprächspartner sind Bewohner des Altersheimes. Im Gemeinschaftssaal sitzen die alten Damen und Herren bei einem Glas Wein beieinander und hören zu, wie ihre Mitbewohner von den Perlen ihres Lebens erzählen. Neulich berichtete eine ältere Dame, wie sie als kleines Mädchen mit der Kinderlandverschickung an einen Nordseeort gebracht worden war und dort wundervolle Wochen verleben durfte. Nach dem Gespräch kam gleich eine andere Dame auf sie zu und erzählte ganz aufgeregt, dass auch sie genau an diesen Ort geschickt worden war. Da war er, der verbindende Impuls! Jahrelang hatten die beiden nebeneinander gelebt, ohne eine Ahnung davon zu haben, dass sie etwas gemeinsam haben. Bislang hatten sie sich nur sehr oberflächlich ausgetauscht: »Wie geht es Ihrem Knie heute?«, oder: »Wissen Sie schon, dass Herr Müller gestern gestorben ist?« Ihre gemeinsame Geschichte führte dazu, dass die beiden nun dauernd zusammenhängen. Zum Dank dafür, dass sie sich kennengelernt haben, schenkten sie mir einen kleinen Leuchtturm.

Bärentöter und Henrystutzen

Das Greenhorn Karl, gerade erst aus Deutschland in Amerika angekommen, lebt in St. Louis bei der Familie des Waffenschmieds Mr. Henry. Dieser erkennt, dass in dem jungen Mann mehr steckt als nur ein Hauslehrer, stattet ihn mit allem Nötigen aus und schickt ihn in den Westen. »Und Waffen müsst Ihr auch haben«, sagt er zu Karl. »Werde Euch den Bärentöter mitgeben, die alte, schwere Gun, die ich nicht brauchen kann, womit Ihr aber bei jedem Schusse ins Schwarze trefft.«

Laut, zielsicher und mit hoher Durchschlagskraft.

Der doppelläufige Bärentöter ist ein mächtiges altes Ding, enorm laut, außerordentlich zielsicher und mit hoher Durchschlagskraft. Als der große und sehr starke Karl das Gewehr zum ersten Mal in der Werkstatt seines Gönners vom Nagel nimmt, reißt es den glatt vom Hocker. »Hallo! Was ist denn das? Ihr geht ja mit dieser Gun um wie mit einem leichten Spazierstock –, und doch ist sie das schwerste Gewehr, das ich kenne!« **107**

Karl geht in den Westen und entwickelt sich zu einem Westmann deluxe, ehrfurchtsvoll Old Shatterhand genannt. Seinen weithin reichenden Ruf verdankt er nicht zuletzt seinem Bärentöter, um den Freunde ihn beneiden und den seine Feinde fürchten.

Später bekommt Old Shatterhand von Mr. Henry ein zweites Gewehr: den Henrystutzen. Ohne nachzuladen kann er damit 25 Mal schießen – ein unglaublicher Wettbewerbsvorteil vor allen Desperados, die bereits nach zweimal Knallen nachladen müssen. Die Indianer bewundern den Henrystutzen als Zaubergewehr, doch um Zauberei handelt es sich nicht, nur um die ausgeklügelte Ingenieurskunst des Mr. Henry. Bärentöter und Henrystutzen – beides sind hervorragende Waffen, und es ist die Kunst Old Shatterhands, mit *beiden* Gewehren schießen und treffen zu können.

Die große Sehnsucht nach dem Lagerfeuer.

Die junge Generation macht es vor, wie sich Bärentöter und Henrystutzen, also analoge und digitale Welt, in wunderbarer Weise ergänzen. Vor einiger Zeit bin ich auf ein erwachsen gewordenes Start-up – zwei Gründer Ende 20 mit 35 Mitarbeitern – aufmerksam geworden. Ich hatte Glück und durfte mir die Sache bei Veggie-Fingerfood und kreativen Smoothies näher anschauen. Das Unternehmen residiert in einer alten Lagerhalle, innen sieht es so futuristisch und clean aus wie in einem Raumschiff. Spektakulär! Alles ist offen gehalten, eine endlose Workbench mit hochmodernen Arbeitsplätzen zieht sich durch den gesamten Bau. Nur am Ende des Raums ist eine schallisolierte Trockenbauwand eingezogen. Durch eine Tür geht es in eine andere Welt: Rechts und links beherrschen zwei riesige, halbmondförmige Regale mit rund tausend Büchern den Raum, man kommt sich vor wie in einer Arena; durch die Fensterfront wandert der Blick ins Grüne. Die Mitarbeiter versammeln sich jeden Freitagnachmittag in diesem Raum zur *Last Lecture*. Als erstes gehen sie zu einem eigens handgeschreinerten Möbel, in dem jeder ein eigenes kleines Fach hat. Dies ist das Handy-Hotel, in dem die Smartphones nun schlafen gehen. Wenn dann alle Mitarbeiter auf ihren Bodenkissen, Stühlen und Couches sitzen, bedankt sich der Chef persönlich für die in der zurückliegenden Woche geleistete Arbeit. Die beste Wertschöpfung erzielst du immer noch durch Wertschätzung – das gilt auch für Start-ups. Und dann kommt die Hauptsache: Über ein digitales Kollaborationstool haben die Mitarbeiter im Laufe der Woche ausgewählt, aus welchem Buch der eigens verpflichtete *Lecturer*, ein erfahrener Synchronsprecher, nun vorlesen soll – von Moby Dick bis Harry Potter ist alles möglich. Er setzt sich in den in der Mitte der Arena aufgestellten roten Lehnstuhl und liest vor. Entspannt lauschen die Mitarbeiter.

Die ganze Woche sitzen sie vor den Bildschirmen, lösen per Mail, Telefon und Sozialen Medien Probleme. Auch jetzt geht es wieder ums Erzählen und ums Zuhören. Aber auf kurze Distanz. Mit einem Gegenüber, dem man in die Augen schauen kann. Die Last Lecture zeigt: In uns allen ist immer noch die große Sehnsucht nach dem Lagerfeuer lebendig. Daran ändert auch die digitale Revolution 4.0 nichts.

KAPITEL 6
MEHR HUMOR, WENN ICH MICH NICHT IRRE

....

Karl May brachte mit Sam Hawkens den Spaß in den Wilden Westen. Das bedeutet viel mehr, als mal eben für ein paar Lacher zwischendurch zu sorgen. Denn wer Humor hat, sorgt dafür, dass Menschen zueinander finden. Und wer seiner Fröhlichkeit und humorvollen Gelassenheit freien Lauf lässt, besiegt den täglichen Ernst des Lebens.

Bei meinem ersten Agenturjob war ich oft mit Hans, einem sehr erfahrenen Berater, unterwegs. Seit vielen Jahren betreute er den größten Auftraggeber der Agentur, und ich war immer wieder beeindruckt, mit welcher Begeisterung er bei seinen regelmäßigen Besuchen in der Unternehmenszentrale des Kunden empfangen wurde. Alle freuten sich, wenn wieder mal ein Beratungstermin anstand. Das lag nicht nur an den kleinen Lindt-Schoko-Leckereien, die er den erfreuten Empfangsdamen übergab. Hans' große Beliebtheit hatte einen tieferen Grund.

Beim Kundengespräch nahm er sich die Zeit für ein ausgiebiges Warm-up, zuerst einmal wurde im Kreis des fünf- oder sechsköpfigen Kundenteams in aller Ruhe Kaffee getrunken. Die Kunden kannten das schon und warteten gespannt auf die neuesten Gerüchte und Neuigkeiten aus der Branche, die Hans immer mitbrachte. Aber es wurde auch ausgiebig gelacht. Mein ausgefuchster Kollege mit den grauen Schläfen hatte zu jedem Termin ein paar lustige Geschichten parat, die von gemeinsam überstandenen Abenteuern erzählten. »Wissen Sie noch, als wir damals in Essen/Dortmund/Oberhausen ...« fing er dann an, und sofort waren alle im gleichen Film. Nur ich als Jungspund natürlich nicht. Aber ich lachte mit, denn die Dönekes waren wirklich lustig. Da war die Panne auf einer Messe, die Hans und das Kundenteam mit vereinten Kräften und knapper Not wieder ausbügeln konnten, bevor der Big Boss überhaupt merkte, dass fast der gesamte Messeauftritt in die Hose gegangen wäre. Oder die Nacht, in der sie einem Konkurrenten des Kunden einen großen Auftrag vor der Nase wegschnappten, weil sie unter lautem Absingen von »Zehn kleinen Jägermeistern« mit dem Entscheider des Deals Blutsbrüderschaft geschlossen hatten. All diese alten Geschichten riefen eine Atmosphäre hervor, die sich wie ein geflüstertes Geheimnis unter besten Freunden anfühlte.

Sofort waren alle im gleichen Film.

Dann folgte der eigentliche Besuchsgrund, das offizielle Meeting zwischen Hans und dem Kundenteam. Es wurde zum Selbstläufer, denn alle Beteiligten waren auf Betriebstemperatur, bestens aufeinander eingestimmt und alle Agenda Punkte wurden in Rekordgeschwindigkeit abgestimmt. Das musste auch so sein, denn das Kaffeekränzchen hatte ja ordentlich Zeit gekostet. Wenn doch noch eine Diskussion um einen Teilaspekt aufploppte und zu viel Zeit zu verschlingen drohte, sagte mein Kollege Hans: »Wir kommen später mit einer Lösung auf Sie zu, lasst uns weitermachen.« Hans' Rechnung ging auf: Statt sich eine Stunde vor dem Whiteboard abzuquälen, gab es 30 Minuten lang Entspannung bei einem Stück Streuselkuchen und 30 Minuten konzentrierte Arbeit, die leicht von der Hand ging. Damit waren unterm Strich die beliebten Treffen mit Hans sogar noch ergiebiger als die mit anderen Agenturvertretern, die nur die 60-Minuten-Diskussionen auf der Pfanne hatten. Der Kunde wusste das zu schätzen.

Ich habe von meinem versierten Kollegen und seinem Humor-Intro viel gelernt. Bei meinen eigenen langjährigen Kunden halte ich es heute noch genauso und erinnere gerne an gemeinsame Momente unserer Zusammenarbeit: »Wissen Sie noch, als ich damals als Sankt Martin auf dem Pferd hereingeritten kam und der Gaul durchging?«

»Ich komme in Frieden«

Alles nur Berechnung? Erzähl ein paar Witze, und du verkaufst das Doppelte? Nein. Wenn ich darauf achte, in meinen Beziehungen zu anderen Menschen das Lachen nicht zu vergessen, hat das nichts mit eiskaltem Power-Selling zu tun. Natürlich möchte ich auch eine Dienstleistung verkaufen, aber in erster Linie will ich eine Verbindung zu meinem Gegenüber herstellen, anders würde ich es gar nicht aushalten. Denn wir Menschen sind nun mal soziale Wesen, am besten geht es uns, wenn wir uns in Gesellschaft befinden, in der wir uns wohlfühlen. Zu so einer Gemeinschaft finden wir am schnellsten und nachhaltigsten über gemeinsames La-

Anders würde ich es gar nicht aushalten.

chen zusammen; genau das war der Effekt, den auch mein Mentor Hans bei seinen Kunden im Sinn gehabt hatte. Aber auch Menschen, die sich zuvor noch nie gesehen haben, denen also eine gemeinsame Geschichte als Basis fehlt, kommen dank des Humors zusammen. Und zwar innerhalb einer halben Sekunde. Zum Beispiel im Fahrstuhl.

Meist sind mir sogar die paar Augenblicke, die ich mit Menschen gemeinsam in einem vollbesetzten Aufzug verbringe, zu schade, um sie auf sozialer Tauchstation zu verplempern. Also haue ich spontan einen Spruch raus, wenn ich einsteige. »Oh, lauter Stars und Sternchen hier, da passe ich ja perfekt rein«, zum Beispiel. Oder: »Wollen Sie auch alle zum Casting?« Und schon ist das Eis gebrochen. Selbst diejenigen, die das albern finden, können sich ein Schmunzeln nicht verkneifen. Die zwölf Sekunden vom Erdgeschoss in den vierten Stock sind für mich nun in positive Lebenszeit verwandelt – das Ganze mal Acht, denn die acht Menschen, die im Aufzug standen, haben auch alle ihren Spaß gehabt. Bin ich mit der Bahn unterwegs, setze ich mich gerne in eines der kleinen Abteile. Eigentlich ist es eine ziemlich verkorkste Situation, wenn Unbekannte ein paar Stunden lang sehr dicht aufeinander hocken. Im menschlichen Sozialplan ist das so nicht vorgesehen, deshalb schalten wir in so einem Fall automatisch in den Ich-tu-so-als-ob-die-anderen-nicht-da-wären-Modus. Das klappt natürlich nur eingeschränkt. Jeder kennt das: Dein Fuß gerät versehentlich in das Territorium des anderen, eine leichte Berührung der Schuhspitzen reicht, und du bist richtig erschrocken. Während du deine Extremitäten sofort mit gemurmelter Entschuldigung zurückziehst, bekommt der Urmensch in dir Herzflattern: Uff, gerade noch mal mit dem Leben davongekommen! Enge erzeugt nun mal Dauerstress. Deshalb freuen sich alle – auch diejenigen, die nur ihre Ruhe haben wollen – über einen lockeren Spruch, der den Bann bricht. Das Thema ist dabei völlig egal. Neulich stand einer meiner Mitreisenden auf, öffnete das Fenster einen Spalt weit und sagte: »Ich mach mal auf, vielleicht kommt ein Vogel rein.« Mit seinem Nonsens-Spruch drehte er die Stimmung um 180 Grad. Über alle Gesichter zog ein Lächeln und schon war sie da, die gemeinsame Verbindung, die ein Miteinander erträglich macht. Es hatte etwas Befreiendes. Der Mitreisende hätte auch sagen können: »Hier mieft es« und das Fenster aufreißen können. Humorgehalt: Null. Erhöhung des Stresspegels bei allen Mitreisenden: 100 Prozent.

»Ich mach' mal auf, vielleicht kommt ein Vogel rein.«

Dass wir uns über den lockeren Spruch des Spaßvogels freuten, heißt nicht, dass wir uns dann alle ganz doll lieb gehabt und uns von München bis Hamburg angeregt unterhalten hätten. Nein, wir lasen weiter in der Zeitung oder schauten auf unsere Smartphones. Aber die Temperatur im Abteil war schlagartig eine ganz andere geworden. Wenn man mal miteinander gelacht oder geschmunzelt hat, können die Alarmanlagen abgestellt werden. Es ist so, als käme ein Indianer in ein fremdes Dorf. Keiner weiß, was der vorhat. Die Kinder werden vorsichtshalber in die Wigwams gescheucht und die Erwachsenen greifen nach ihren Waffen. Doch der Fremde legt Pfeil und Bogen am Dorfeingang ab.

Er hält seine Hände mit den Handflächen nach vorn

in die Höhe und sagt: »Schaut her, ich will euch nichts tun. Ich komme in friedlicher Absicht.« Und schon ist die Entspannung da.

Die schnelle Pause zwischendurch

Genau deshalb gehört Humor zu unserer Grundausstattung; selbst der größte Miesepeter hat seine Minute Sonnenschein. Besser ist es natürlich, wenn du deinen Humor nicht im Tresor versteckst, sondern ihn 24/7 abrufen kannst. Denn Humor verbindet nicht nur und erleichtert das Zusammenleben. Er fördert auch die Empathie und erzeugt eine kooperative Atmosphäre. Erst wenn der Humor die trennenden Stellwände zur Seite genommen hat, gelingen uns die allerbesten Leistungen, zu denen wir Menschen fähig sind: füreinander da sein, Konflikte lösen, im Teamwork großartige Leistungen vollbringen, gemeinsam Kinder großziehen ... Ich kenne kein einziges Start-up, in dem nur knochentrockene Gestalten beieinanderhocken. Denn die tun sich schwer damit, andere Menschen mitzureißen. Es sind die Typen, die sich auch mal locker machen können, die den Weg für positiven Spirit freimachen.

> Auch der größte Miesepeter hat seine Minute Sonnenschein.

Humor ist die schnelle Pause zwischendurch. In jedem Lebensbereich gibt es die Zeiten, in denen Leistung ohne Wenn und Aber abgefragt wird. Aber danach muss auch wieder Entspannung angesagt sein. In den Pausen steigt dann wieder die Motivation. So ist der Mensch einfach getaktet. Damit meine ich nicht nur Teams im beruflichen Umfeld. In Familie und Freizeit funktioniert es nach demselben Muster. Nach dreißig Sit-ups muss man auch mal verschnaufen dürfen, sonst klappt das nicht mit den nächsten dreißig. Es soll ja Eltern geben, die ihre Kinder aus lauter Sorge, dass aus ihnen »nichts wird«, zum Dauerlernen zwingen. Das Leben der armen Knirpse besteht dann fast nur noch aus Schule und Hausaufgaben. Nach jeder schlechten Note werden auch die letzten Inseln von gemeinsamen Kinogängen und Kicken mit den Kumpeln geflutet. »In den Sportverein darfst du erst wieder, wenn du in der nächsten Englischarbeit mindestens eine Drei bekommst!« Das ist natürlich absolut kontraproduktiv. Je weniger Ausgleich jemand hat, desto tiefer geht die Motivation in den Keller, und desto schlechter werden die Ergebnisse. Wenn ein Team drei Nächte hintereinander durchackert, um rechtzeitig die Präsentation vor dem Kunden halten zu können, dann ist das der Stoff, aus dem Legenden gemacht werden. Doch damit diese Legenden erzählt werden und ihre verbindende Wirkung entfalten können, brauchen wir die entspannten Stunden zwischendurch. Es sind die Pausen, die in der Truppe für dauerhaften Zusammenhalt sorgen – und damit auch dafür, dass in den Stunden der Bewährung alle fit und fokussiert sind und ihre Energiereserven mobilisieren können. Menschen mit Drohungen und Durchhalteparolen bei der Stange zu halten, klappt nur vorübergehend. Der Angst-Effekt nutzt sich schnell ab und Dauerstress hält niemand aus. Früher oder später wandern die Leute ab, entweder mit den Füßen voran oder weil sie etwas Besseres gefunden haben: einen Ar-

> **Humor ist die schönste Art, mit dem Leben umzugehen.**

beitgeber, der sich freut, wenn die Mitarbeiter auch mal vergnügt beieinandersitzen, einen Sportverein, in dem es zwischendurch um etwas anderes als Krafttraining geht, oder auch einen Lebenspartner, mit dem man zusammen lachen kann. Denn Humor ist nun mal die schönste Art, mit dem Leben umzugehen.

Kein Platz für Brechstangen

Selbst Branchen, denen man das gar nicht zutrauen würde, setzen darauf, dass Spaß an der Sache wertvolle positive Impulse setzt. Während meines Wehrdienstes habe ich tatsächlich einige sehr humorvolle Vorgesetzte erlebt. Natürlich haben wir uns nicht dauernd vor Lachen gekringelt, wenn wir mal mehr, mal weniger sinnlos durch die Gegend marschiert sind. Aber sobald sich die Gelegenheit bot, wechselten wir in einen grundentspannten Modus, und das sogar in Situationen, in denen es ums Prinzip geht und humorlose Menschen nicht den geringsten Spaß verstehen. Einmal, als uns der Stabs-Unteroffizier zum Frühappell antreten ließ und er sein lautes »Kompaniiiie stiiiillgestanden« brüllte, musste ich laut und mehrfach niesen. Von Stille keine Spur. Alle lachten und auch der Offizier grinste, wartete einen Augenblick und fuhr fort: »Wenn die Nase des Gefreiten Behrendt sich wieder beruhigt hat, versuchen wir es nochmal ... Kompaniiiie stiiiillgestanden!«

Mit Humor das Miteinander zu feiern, erfordert immer auch, ein feines Sensorium für sein Gegenüber zu haben. Genau darum geht es ja: Einen Scherz zu machen bedeutet in Verbindung zu treten und das Gegenüber wertzuschätzen. Eine minimale Begabung für Empathie ist da schon gefragt. Wer Gemeinschaft entstehen lassen möchte, schüttet nicht einfach einen Kübel Witze über seinem Publikum aus.

Ich hatte einmal einen selbsternannten Comedy-Star in meinem Vertriebsteam, der nicht das geringste Gespür dafür hatte, dass seine Zuhörer nur aus reiner Höflichkeit die Mundwinkel nach oben verzogen. Viele seiner Scherze gingen auf Kosten anderer, die meisten waren einfach nur zotig und peinlich. Aber der Kollege war fest davon überzeugt, mit seinen destruktiven Scherzen alle bestens zu unterhalten. »Man muss die Leute erst einmal positiv einstimmen, bevor man zum Verkaufen kommt«, war sein Credo. Das ist ja im Grundsatz nicht falsch. Aber Altherrenwitze begeistern nur ein sehr schmales Publikum – und schon gar nicht die weiblichen Einkäuferinnen. Es war abzusehen, dass mich die Einkäuferin eines großen Kunden zur Seite nahm und bat, meinen witzeerzählenden Vertriebsmann nicht mehr auf ihre Mitarbeiter loszulassen. Es war ihr als Chefin einfach unangenehm. Ich versprach Besserung. Unter vier Augen versuchte ich meinen Mitarbeiter entsprechend zu instruieren, doch der zeigte keinerlei Verständnis. »Die olle Spaßbremse!«, polterte er los. »Die geht doch zum Lachen sowieso in den Keller!« Für ihn war die Sache klar: Es waren die anderen, die keinen Spaß verstanden. Er konnte sein eigenes Auftreten nicht reflektieren. Deshalb ließ ich künftig meinen zweiten Mann, einen eher zurückhaltenden Verkäufer mit ruhiger, kompetenter Ausstrahlung, die besagte

Ohne Gespür für das Publikum.

Top-Kundin betreuen. Die Umsätze verdoppelten sich binnen Jahresfrist. Kein Witz.

Wer ist denn der Gartenzwerg?

Sam Hawkens ist der treue Begleiter von Old Shatterhand und Winnetou. Er dackelt aber nicht einfach nur durch ein paar hundert Buchseiten hinter den beiden her. Ohne ihn würde die ganze Geschichte nicht funktionieren. Winnetou ist schweigsam, anmutig, edel und ständig in einem makellosen, weißledernen Anzug unterwegs, für dessen aufwändige Stickereien Bataillone von Näherinnen jahrelang beschäftigt gewesen sein müssen. Klekih-petra stellt ihn Old Shatterhand bei ihrer ersten Begegnung so vor: »Und hier steht sein Sohn Winnetou, der trotz seiner Jugend schon mehr kühne Taten verrichtet hat als sonst fünf alte Krieger in ihrem ganzen Leben. Sein Name wird einst genannt und gerühmt werden, so weit die Savannen und die Felsengebirge reichen.« Auch Old Shatterhand ist ein strahlender Held, immer geradlinig, immer aufrecht – und alles andere als ein Gaudi-Bursche. Die beiden Blutsbrüder sind die perfekten Helden. Gäbe es nur sie auf der Welt, wäre es unendlich langweilig. Winnetou und Old Shatterhand sind wie ein vierstündiges Meeting, in dem ohne Pause hart und konzentriert gearbeitet wird. Da kommt noch nicht einmal jemand auf die Idee, eine 0,2-Liter-Flasche stilles Wasser zu öffnen. Natürlich steht am Ende der Veranstaltung ein tolles Ergebnis, aber Spaß hat die Sache nicht gemacht.

... aber Spaß hat die Sache nicht gemacht.

Gut, dass es Sam Hawkens gibt! Karl May nimmt sich viel Zeit, ihn bis in die letzte Kleiderfalte zu beschreiben. Größer könnte der Unterschied zwischen dem Helden-Duo und ihrem Sidekick nicht sein: Winnetou und Old Shatterhand reiten edle Rappen, Sam Hawkens eine alte Mähre. Die beiden Helden schießen mit Silberbüchse und Henry-Stutzen, Sam trennt sich niemals von seiner »Liddy«, einem alten Schießprügel. Sam Hawkens sieht auch völlig absurd aus. Das liegt nicht nur an seinen dünnen, krummen Beinen. Weil er auf seine Jacke immer wieder neue Flicken aufgesetzt hat, ist sie so dick und steif geworden, dass »wohl kaum ein Indianerpfeil hindurchdringen konnte«. Auch wenn er wie eine Schießbudenfigur aussieht, ist er unerhört tapfer und ein exzellenter Schütze. Gerade in den kriegerischsten Momenten zeigt er eine Top-Performance.

Viel zu lachen hat Sam Hawkens in seinem Leben nicht gehabt, gerade deswegen ist Humor sein ständiger Begleiter. Er hat zum Beispiel das Pech gehabt, von Pawnees skalpiert zu werden. Die barbarische Nummer hat er überlebt, doch sein haarloser Schädel sieht nicht gerade ästhetisch aus, deshalb bedeckt er ihn mit einer Perücke. Dass man sich über ihn lustig macht, ist ihm völlig egal. Mit einer großen Portion Selbstironie erzählt er seinem Freund Old Shatterhand ungeniert die skurrilsten Geschichten über sich. Zum Beispiel, wie er um die Indianerin Kliuna-ai – »Mond« – warb. Als die beiden sich näher kamen, blieb seine Perücke an einem Stück Holz hängen und auf einmal stand er mit kahler Pläte vor ihr. Kein sehr schöner Anblick. Sam Hawkens konstatiert nur trocken, dass von einem Moment auf den anderen aus dem Mond Kliuna-ai ein

Neumond geworden war, nämlich ein Mond, der nicht mehr zu sehen ist.

Doch Sam kann mehr als herumkaspern. Mit seinem Humor bringt er die nötige Würze ins Abenteurer-Leben. Wenn Winnetou und Old Shatterhand ein vierstündiges Meeting sind, dann versinnbildlicht Sam Hawkens die Pausen. Er ist der Garant dafür, dass gute Stimmung und Spaß am Leben nicht zu kurz kommen. Seine lustigen Sprüche wirken aber auch als Türöffner und Friedensstifter – wo Sam Hawkens auftaucht, werden die Beziehungen der Menschen untereinander gestärkt. Er legt in Sachen Humor sogar noch eine Schippe drauf: Er lacht nicht nur über das Leben, er lacht auch über sich selbst. Als wahrer Lebenskünstler weiß er: Je mehr Humor du aufbringst, wenn du dich und dein Leben betrachtest, desto entspannter stehst du im Leben. Kein plötzlich auftauchender Komantsche wirft dich aus der Bahn, wenn du ihm ins Gesicht lachen kannst.

> Über sich selbst lachen zu können ist Gelassenheit.

Fichte Furnier statt Bankirai

»Guru der Gelassenheit« haben Kollegen mich genannt, »Lord des Loslassens« und »Emir der Entspannung«. Nicht ganz zu Unrecht, wie ich finde, denn ich bin wirklich meistens grundentspannt und kann herzlich über mich lachen. Aber auch diejenigen, die humorvoll durchs Leben gehen, kommen irgendwann an ihre Grenzen. Ich natürlich auch. Zum Beispiel beim Bau des Hauses, in das ich mit meiner zweiten Frau einziehen wollte.

Ich habe noch meinen Großvater im Ohr: »Ein Mann muss *einmal* im Leben ein Haus bauen – ein zweites würde er nicht überleben.« Und auch mein Vater hatte sich schwarz geärgert, als er in Otterndorf das Blaue Haus baute. Ich war damals noch ein Kind, aber an lautstarke Auseinandersetzungen, böse Briefe, Klagen und einbehaltene Restzahlungen erinnere ich mich noch gut. All diese Vorwarnungen haben mir nicht geholfen. Denn auch wenn dir hundert Leute erzählen, dass ein Hausbau dich an den Rand des Wahnsinns bringen kann, bist du total unvorbereitet, wenn es dich dann am eigenen Leib erwischt. Bei mir war auch noch ein gutes Stück Selbstüberschätzung im Spiel. Ich war mir sicher, dass ich als versierter Agenturmanager mit jahrelanger Erfahrung im Projektmanagement in der Lage wäre, ein paar Handwerker zu koordinieren und ein Bauprojekt generalstabsmäßig durchzuziehen. Dass auch noch ein Architekt und ein Bauleiter mit von der Partie waren, schien mir anfangs fast ein wenig übertrieben. Aber weit gefehlt! Der Architekt hatte viele andere Projekte und erwies sich wahrlich nicht als Fels in der Bau-Brandung. Der Bauleiter war meistens krank und in der heißen Phase entschwand er mitsamt Gattin auf eine mehrwöchige Kreuzfahrt in die Karibik. Und die Handwerker produzierten viel Mist und hatten immer eine Ausrede parat; sinnigerweise hatten nicht die besten, sondern die günstigsten und aus den entferntesten Regionen unseres Landes stammenden Handwerksbetriebe den Zuschlag bekommen. Ich war dauernd auf der Baustelle, motivierte, drohte, schrieb mir die Finger wund – es half alles nichts.

»Alles innerhalb der Toleranz.«

Wenn Balkone schief hingen, Türen klemmten, Parkettböden zur Stolperfalle wurden, hieß es immer nur: »Alles innerhalb der Toleranz.« Pfusch, Chaos, nicht eingehaltene Termine waren mein Tagesgeschäft. Ich war endgenervt. Der »Guru der Gelassenheit« hüpfte zeitweise wie ein Rumpelstilzchen auf dem Bauplatz herum. Wo war denn da mein Humor?

Meine hohe Performance-Erwartung erwies sich als meine Achillesferse. In der Agentur setzen wir buchstäblich alles daran, als Dienstleister den Kunden zufriedenzustellen und sogar noch über seine Erwartungen hinaus zu liefern. Hier auf dem Bauplatz wurde ich in eine Welt katapultiert, in der meine Leitmotive keinen Pfifferling wert waren. Dass ein großes Indianer-Ehrenwort nach dem anderen sang- und klanglos einfach nicht eingehalten wurde, damit musste ich erst mal psychisch fertig werden. Das Gefühl, abhängig von Typen zu sein, die mein Leben auf den Kopf stellen konnten, ohne Rechenschaft ablegen zu müssen, machte meinen mentalen Zustand nicht besser. Ich fühlte mich ausgeliefert, meine persönliche Einflussmöglichkeit war auf eine rote Null zusammengeschrumpft. So gesehen war es verständlich, dass meine Gelassenheit flöten ging.

Wenn ich in dieser Zeit so manchem Freund mein Leid klagte, nickten die nur und erzählten von ihren eigenen Bau-Dramen. Wirklich hilfreich war nur Hans, mein Schwiegervater, Ur-Kölner, gelernter Metzger und mit dem Herz am rechten Fleck. Als ich herumtobte, dass ich die Restzahlungen so lange einbehalten würde, bis alles picobello sei, lachte er nur: »Mit Paragraphen alleine ist noch kein Haus fertig geworden.« Opa Hans empfahl, Abstriche bei den Erwartungen an das Ergebnis vorzunehmen. »Solange das Fundament solide ist und die Mauern halten«, könne man über andere Kleinigkeiten hinwegsehen. Er hatte natürlich Recht. Aber zu dieser Sicht war ich noch nicht in der Lage. Ich war noch mitten in meiner ganz privaten Weltuntergangsstimmung.

Als ich dann mit meiner Familie in das halbfertige Haus einzog, klopfte er mir auf die Schulter: »Es hätt noch immer jot jejange.« Und tatsächlich: Sobald wir erst mal drin waren im Haus, war auf einmal vieles nicht mehr so wichtig; die Proportionen rückten sich zurecht.

Wir ließen Fünfe gerade sein und hatten unsere Ruhe.

Am Ende wurde wirklich alles gut. Über die Macke in der Wand hängten wir ein Bild. Statt penibel jede Fuge mit einem Sachverständigen geradezuziehen, einigten wir uns mit der Baugesellschaft. Wir zahlten etwas weniger, dafür blieben manche Dinge, wie sie waren. Während Nachbarn heute noch wegen drei Zentimeter Gefälle bei einem Balkon herumprozessieren, ließen wir Fünfe gerade sein und haben unsere Ruhe. Solange das Wasser abläuft, ist es mir egal, ob der Balkonboden rechts ein paar Zentimeter höher liegt als links. »Man wohnt schließlich im Haus, nicht in der Regenrinne« – auch so ein Spruch von Opa Hans ... Im Nachhinein war wie immer alles halb so wild. Ich würde sogar meinem Großvater widersprechen und mich ohne Angst an ein zweites Haus wagen. Weil ich dann von vornherein damit rechnen würde, dass alles schief läuft, würde ich vielleicht sogar positiv überrascht werden.

Wenn dir der Humor kurzfristig mal abhandenkommt, dann musst du die schlimmen Momente eben möglichst mit Würde ertragen. Die Erfahrung zeigt, dass (abgesehen von wirklichen persönlichen Katastrophen) irgendwann der Punkt kommt, an dem du auch das größte Kuddelmuddel mit einem Lachen annehmen kannst.

Ein Lehmtempel in Otterndorf

Am besten ist es natürlich, wenn deine innere Gelassenheit es dir erlaubt, auch in den unmöglichsten Situationen das Positive zu sehen und gar nicht erst abzustürzen. Das erspart dir viel unnötigen Ärger. Meine Eltern waren auch in dieser Hinsicht ein unerreichtes Vorbild. Bei uns in der Familie gab es nie Spektakel, wenn wir Kinder mal wieder was kaputt gemacht hatten. Die Maxime meiner Eltern lautete: »Hauptsache, alle sind gesund; alles andere ist zweitrangig.« Solange kein Mensch zu Schaden kam, war alles in Ordnung. Mit dieser Einstellung erscheint die Delle im Auto auf einmal gar nicht mehr so existenzbedrohend.

Auch wenn es um größere Schäden als kaputte Vasen und Fensterscheiben ging, waren meine Eltern beneidenswert hart im Nehmen. Einmal waren die beiden für zwei Monate nach China gereist. Im Rahmen eines Entwicklungshilfeprojektes unterstützten sie dort Menschen, ihre in Eigenregie hergestellten Waren wie Taschen und Schmuck auf lokalen Märkten zu verkaufen. China ist reich an kunsthandwerklicher Tradition, und mit ein wenig Anschubhilfe seitens des Bildungsprojektes gelang es vielen Menschen, sich eine Existenz aufzubauen. Was meine Eltern nicht ahnten: Während ihrer Abwesenheit nahm mein Bruder, der zum Musikstudium für einige Zeit wieder ins Otterndorfer Elternhaus eingezogen war, größere Umbauten vor. Aus dem Flügel der unteren Etage, der früher die Kinderzimmer von uns drei Geschwistern beherbergt hatte, riss er die Zwischenwände heraus. Dann baute er sich mit tonnenweise Lehm zwei schalldichte »Übezellen«. In einer stand sein Klavier, in der anderen machte er seine Gesangsübungen. Das Ganze sah aus wie ein Zwischending aus einem Lehmtempel und einer Behausung auf dem Wüstenplanet Tatooine aus »Star Wars«.

Als meine Eltern nach anstrengender Rückreise aus China wieder daheim eintrafen, standen sie völlig unvorbereitet vor der Bescherung. Doch statt mit großem Theater reagierten sie mit stoischer Gelassenheit: »Na, die Räume haben wir ja sowieso nicht mehr genutzt.« Viel mehr hatten sie zu der Geschichte nicht zu sagen. Die herausgerissenen Wände hatten buchstäblich keine tragende Bedeutung gehabt.

Warum sich im Nachhinein aufregen? Auch das ist Humor: nicht ändern wollen, was nicht zu ändern ist. Warum sich im Nachhinein noch über etwas aufregen? Wer gelassen durchs Leben gehen will, muss auch mal was abhaken können. Meine Eltern schafften es sogar, die positiven Seiten der Angelegenheit zu sehen. Sie hatten nicht vergessen, dass sich mein Bruder während ihrer Abwesenheit in China um das Haus gekümmert hatte. Dank seiner technischen Ausnahmebegabung war das Haus top in Schuss. Sie waren sogar ein wenig stolz darauf, dass ihr Junge sich ein Refugium geschaffen hatte, in dem er sich perfekt auf seine Prüfungen vorbereiten konnte.

Sich selbst und die eigenen Vorstellungen nicht allzu wichtig zu nehmen, ist eine sehr gesunde Einstellung. Mit einem Schuss Humor übersteht man auch die größten Überraschungen, die das Leben für uns bereithält, ohne gleich in die Knie zu gehen. Man lacht sowieso viel zu wenig. Noch lange witzelten wir darüber, wie »hochinteressant« die neuen Räume aussehen und wie »künstlerisch wertvoll« sie sind.

Dr. Z

Es ist kein Zufall, dass gerade Sam Hawkens fast jeden seiner Sätze mit einem »Wenn ich mich nicht irre« verziert. Karl May war ein kluger Mann, er wusste genau, dass humorvolle Menschen es nicht nötig haben, sich ein perfektes, allwissendes Image ohne Kratzer zuzulegen. Sie halten es aus, wenn sie auch mal danebenliegen. Sie nehmen es nicht übel, wenn sie in Frage gestellt werden und können sich auch selbst in Frage stellen. Ich bin ein großer Fan von Mercedes-Lenker Dieter Zetsche, für mich ist er einer der besten Top-Manager, die unser Land zu bieten hat. Ich traf ihn, als er einen Kommunikations-Preis entgegennahm, und spürte sofort, dass seine nette und lockere Art nicht einstudiert ist. Wenn du fast dreißig Jahre in der PR-Branche unterwegs bist, erkennst du sehr gut, ob einer die Gelassenheits-Maske wieder ablegt, sobald die Kameras aus sind. Jaja, ich weiß, es geht nicht immer nur aufwärts mit Daimler, und auch Herr Zetsche ist nicht unfehlbar. Aber in Summe bleibt seine Performance als Unternehmensführer herausragend, genauso wie seine

Selbstironie. Ihm fällt kein Zacken aus der Krone, wenn er seine Lockerheit mit viel Humor für die Ziele seines Unternehmens einsetzt.

Anfang 2006, er war noch Chef von Chrysler in Amerika, kamen mehrere kleine Werbespots in Umlauf, in denen Zetsche als »Dr. Z« seine Autos anpreist. Er krabbelt im Vorgarten eines Chrysler-Besitzers im Anzug unter dessen Auto, zeigt einer jungen Frau, wie bei ihrem Mini-Van die Sitze umgeklappt werden, und lässt sich von einem fusseligen Regisseur runterputzen, weil er einen Teil seines Textes vergessen hat. Als er einer Schulklasse erklärt, wie umweltfreundlich die Autos sind, kommt als Reaktion nur eine Frage eines kleinen Mädchens: »Ist der Schnurrbart eigentlich echt?« Als mir meine damaligen Werbe-Kollegen von BBDO die Spots erstmals zeigten, war ich begeistert. So lässig hatte sich selbst noch kein Top-Manager vor ihm auf den Arm genommen. Der Deutsche mit dem markanten Schnurrbart und dem merkwürdigen Akzent wurde in Amerika zum Kult-Star. Auch zehn Jahre später, mittlerweile als Vorstandsvorsitzender der Daimler AG, hat er seinen Humor nicht verloren. Auf einem Flug von Frankfurt nach Houston sahen die Fluggäste auf einmal den Daimler-Chef, der per Video die obligatorischen Sicherheitshinweise gibt. Er bittet die Passagiere sich anzuschnallen, »denn auf der Reise in die Zukunft der Mobilität könne es zu Turbulenzen kommen«. Der Hintergrund dieser smarten Aktion: In Austin, Texas, fand gerade das jährliche Event »South by Southwest« statt, eines der weltweit wichtigsten Treffen von digitaler Wirtschaft und Kultur. Dank des Häuptlings, der

»Ist der Schnurrbart echt?«

mit einem Augenzwinkern die wichtigen Botschaften des Konzerns perfekt verkaufte, machte sich Daimler einen Namen in der Digital Community.

Natürlich muss »Dr. Z« als Leader von weltweit 280.000 Mitarbeitern auch eine knallharte Seite haben. Doch mit seiner nahbaren, unkomplizierten Art nimmt er den Menschen die Angst. Als er im Jahr 2000 nach Detroit geschickt wurde, um nach der Daimler-Chrysler-Fusion die Marke Chrysler wieder in die schwarzen Zahlen zu bringen, machten sich die Amerikaner Sorgen, dass ihr Autokonzern nun von deutschen Arbeitern und Ingenieuren überschwemmt würde. »Wie viele Deutsche kommen denn noch?«, wurde er beklommen bei seinem Eintreffen gefragt. Zetsche antwortete ganz gelassen: »Vier. Meine Frau und meine drei Kinder.«

KAPITEL 7
DER WEG DES KRIEGERS

....

Kämpfen gehört zum Leben dazu. Ein Krieger steht für alles ein, was ihm wichtig ist – vor allem für sich selbst. Konsequent begegnet er denjenigen, die ihm feindlich gesonnen sind. Das Wissen, dass er einen Kampf nicht gewinnen kann, hält ihn nicht davon ab, die Kriegsbemalung anzulegen. Aber er weiß auch, wann es Zeit ist, das Kriegsbeil zu begraben und nachzugeben.

Sommer 1979. Mein Bruder Ulf und ich sind auf der Suche nach neuen Erwerbsquellen. Ein bedingungsloses Grundeinkommen in Form von Taschengeld hat es im Hause Behrendt nie gegeben, Geld verdienten wir uns durch Mithilfe im Haushalt; nur die Großeltern steckten uns hin und wieder mal ein Scheinchen zu. Aber mit fünfzehn (Ulf) und sechzehn Jahren (ich) waren unsere Ansprüche so weit angestiegen, dass gelegentliche Markstücke nicht mehr reichten. Eine Idee, wie wir an Barvermögen kommen könnten, musste her. Otterndorf liegt dort, wo die Elbe in die Nordsee mündet, und ist bei Touristen beliebt. Jeden Tag zogen Urlauber mit Tüten schwerbeladen an unserem Haus vorbei vom Supermarkt im Ort in Richtung Ferienhäuser hinter dem Deich. Ulf und ich organisierten also ein paar Fahrräder vom Sperrmüll, reparierten sie, strichen sie blau an und stellten ein Schild an die Straße: »Fahrräder zu vermieten. 5 Mark pro Tag«. Wer nur schnell vom Segelhafen zum Supermarkt und zurück wollte, nutzte den Einkaufstarif: zwei Mark für zwei Stunden. Es dauerte nicht lange, und die ersten Kunden standen vor der Tür.

Schnell lernten wir, dass Service den Unterschied macht: Wir machten attraktive Wochenpreise, gewährten eine Mobilitätsgarantie und stellten individuell erstellte Tourentipps zur Verfügung. Auch das »Snack Pack« erfreute sich großer Beliebtheit: Capri-Sonne, Bifi und ein Apfel aus dem eigenen Garten – schon in den Siebzigern galt: Der Mix macht's!

> Von der Pike auf lernten wir, dass alles seinen Preis hat.

Das Geschäft boomte. Zeitweise hatten wir über 60 Fahrräder im Angebot und Nachbarsjungen als Aushilfen »unter Vertrag« genommen. Ulf hatte den anstrengenderen Part erwischt, er musste bei Wind und Wetter mit Werkzeug und Ersatzschlauch hinausradeln, um vermietete Fahrräder wieder fahrtüchtig zu machen. Ich saß am Telefon, organisierte und dachte mir PR-Aktionen aus. Einmal montierten wir auf das Familienauto ein rotes Kinderfahrrad und ein Plakat, auf dem in großen Buchstaben stand: »Boris Becker kommt nach Otterndorf ...«, den Leuten fielen erst einmal die Augen aus dem Kopf, bevor sie weiterlasen, was ganz klein darunter stand: »... wenn er hört, dass es bei den Gebrüdern Behrendt Fahrräder schon für 2 Mark zu mieten gibt.«

Wir bestimmten die Preise, kauften neue Fahrräder, verkauften Jahresfahrräder nach einer Saison zum Einkaufspreis und strichen die Mieteinnahmen als Gewinn ein. Mein Vater sorgte dafür, dass die Übereinstimmung mit der großen Wirtschaftswelt nahezu perfekt war:

Zehn Prozent unserer Umsätze mussten wir an ihn abführen, weil wir die Werkstatt und die Holzhütten zum Unterstellen der Räder nutzten. »In der Wirtschaft gibt es auch nix umsonst«, meinte er. Ließen wir uns von ihm oder unserer Mutter zum Großeinkauf nach Cuxhaven oder Bremerhaven fahren, waren 5 bzw. 10 Mark fällig. So lernten wir von der Pike auf, dass alles seinen Preis hat – genau das war die Absicht meiner Eltern. Für zwei Jungs in einem Alter, in dem man schnell mal die Bodenhaftung verliert, war das sehr wertvoll.

Die Fahrradaktion füllte nicht nur unsere Portemonnaies, sie gab uns das beruhigende Selbstvertrauen, dass man mit Ideenreichtum und Einsatzfreude immer auf den grünen Zweig kommt. Tatsächlich hatte ich später im Leben niemals Angst, wenn es darum ging, berufliche Risiken einzugehen. Meinen ersten Job in der Promotion-Branche trat ich an, obwohl nicht klar war, ob die vor der Schließung stehende Filiale überhaupt dauerhaft mein Gehalt bezahlen könnte. Mehrmals sprang ich ins kalte Wasser, ohne zu wissen, ob es mich auch tragen würde. Denn ich wusste ja: Ich würde jederzeit aus eigener Kraft für mich selbst sorgen können. Notfalls würde ich eben wieder Fahrräder an der Nordsee vermieten.

Auf eigenen Füßen zu stehen und die Verantwortung für sich selbst zu übernehmen – das ist eines der Hauptmerkmale eines waschechten Kriegers. Es gibt allerdings eine Voraussetzung dafür, dass die Fähigkeit, für sich selbst einzustehen, zum Tragen kommen kann: Du musst wissen, wer du bist.

Unvorstellbar, anderen auf der Tasche zu liegen.

Bopp-bopp-bopp-bopp ...

Mein erstes Auto war ein gelber Ford Granada für 300
Mark. Schon ein paar Wochen nach dem Kauf kam das
völlig überdimensionierte Schiff nicht durch den TÜV
und ich musste mir ein neues Auto besorgen. Eigentlich
hatte ich mir bei einem Händler einen gebrauchten Fiesta
Diesel ausgeguckt, genug Bares hatte ich dabei. Doch der
Verkäufer verstand etwas von seinem Job und wusste genau, was man einem 23-jährigen Berufsanfänger zeigen
muss. Eine Stunde später hatte ich einen teuren Raten-
vertrag unterschrieben und fuhr mit einem schwarzen
Fiesta XR2 vom Platz: tiefer gelegt, mit Spoiler, doppel-
tem Auspuff und dicken Schlappen. Es fehlte nur noch
das Tüpfelchen auf dem i, umgehend komplettierte ich
die Ausstattung mit einem hellblauen »Fanatic«-Aufkle-
ber auf der Heckscheibe. Dass ich nicht die geringste Ahnung vom Surfen hatte, tat nichts zur Sache.
In diesem Möchtegern-Golf-GTI konnte ich endlich
wie meine Kumpel über die Straßen kacheln! Am Frei-
tagabend nach Dienstschluss heizte ich mit der neuen
Karre von meinem Düsseldorfer Arbeitsplatz heim
zur Familie in Otterndorf und malte mir
schon aus, wie ich am nächsten Abend –
Saturday Night! – als King am Otterndorfer Hotspot vorfahren würde: »Janssens
Tanzpalast« mitten im norddeutschen Nirgendwo, wo
die laute Musik höchstens ein paar Kühe erschrecken
konnte. (Es sollte sich herausstellen, dass meine Rechnung nicht aufging; keine einzige blondierte Perle interessierte sich für den tollen Hecht, der vor dem Tanzpalast lässig aus seinem neuen Auto ausstieg.)

> Mit Spoiler,
> doppeltem Auspuff
> und dicken Schlappen.

Auf der A 27 zwischen Bremerhaven und Cuxhaven endlich Vollgas: 187 km/h Spitze. Die konnte ich in meiner Heimatstadt natürlich nicht bringen, aber ich fuhr mehrmals mit bopperndem Motor die Hauptstraße hoch und runter, in der Hoffnung, dass mich meine alten Schulkameraden sehen und sich zuraunen: »Der Franky, der hat's geschafft.« Weil es aber schon spät war, blieb ich unerkannt. Es war stockdunkel, als ich an meinem Elternhaus ankam, trotzdem sahen meine Eltern sofort, was da für ein Auto vor der Tür stand. Nun muss man wissen, dass meine gesamte Familie total umweltbewegt war; um die Welt zu retten, wurde bei uns nur mit »Frosch« gewaschen. Und dann fuhr ich mit dieser total peinlichen Benzinschleuder vor. Ich tat natürlich so, als wäre das Auto genau das, was ich immer haben wollte. Aber in Wirklichkeit dämmerte mir in der schwarzen Otterndorfer Nacht, dass ich mich in dieses Auto hatte reinquatschen lassen.

Es ist mir auch noch Jahre später passiert, dass ich Dinge getan habe, auf die ich aus eigenem Antrieb im Traum nicht gekommen wäre. Ich besuchte Konzerte von Bands, die super-hip waren, mir aber überhaupt nicht gefielen. Ich ging in angesagte Restaurants, auch wenn mir schon vorher klar war, dass es da nur prätentiöses Zeug geben würde. Bis ich endlich so weit war, dass ich überwiegend selbst entschied, was mir gefällt und was gut für mich ist, brauchte es einen langen Anlauf. Selbst heute noch bin ich nicht davor gefeit, zu sehr auf andere, und zu wenig auf mich zu hören. Da war zum Beispiel der Urlaub, den meine Frau und ich in Dubai machten. Freunde und

Bekannte hatten uns von den Super-Hotels und den tollen Stränden vorgeschwärmt. Wir knickten ein und fuhren in die Stadt, die schon auf den Bildern so aussah, als wäre sie eine einzige Filmkulisse. Es wurde der blanke Horror! Für uns die Nummer 1 auf der Liste der *Places not to be*.

Ein Leben lang lernt ein Mensch durch Versuch und Irrtum, was wirklich zu ihm passt. Je jünger du bist, desto mehr musst du noch ausprobieren. Mit einiger Wahrscheinlichkeit sind falsche Jobs und falsche Lebenspartner auch mit dabei. Bis man erkennt: »Das ist nichts für mich«, dauert es eben seine Zeit. Nicht dass wir uns missverstehen. Ich bin fest davon überzeugt, dass man so ziemlich alles im Leben mal ausprobieren sollte. Also einfach machen! Scheitern ist auch nur eine Option. Wer immer nur in seiner Komfortzone herumlümmelt, bringt sich um viele tolle Überraschungen und sein Horizont endet an der Hutkrempe. Ich werde zum Beispiel nie vergessen, wie ich als Kind einmal Milchreis probieren sollte. Der sah schon so furchtbar pappig-schleimig aus. Aber Kneifen gab es bei uns zu Hause nicht. Ich nahm also den Löffel, tauchte ihn beherzt in den Brei, hob ihn zum Mund, und als der Milchreis auf Zunge und Gaumen traf – war es noch viel, viel schlimmer, als meine grässlichsten Vorstellungen es für möglich gehalten hatten. Seitdem *vermute* ich nicht nur, dass ich Milchreis hasse – ich *weiß* es. Für tausend Euro würde ich keinen Löffel davon mehr essen.

> Scheitern ist auch nur eine Option.

Dein Weg wird kein leichter sein ...

Wissen, wer du bist und für dich einstehen – das zeichnet den Krieger aus. Eine weitere Anforderung: Verantwortung für das übernehmen, was du tust.

Karl ist als Landvermesser in den Westen gegangen und muss sich dort mit den unterschiedlichsten Typen herumschlagen. In seinem Arbeitstrupp sind redliche Kerle, aber auch Stänkerer und echte Bösewichte. Shatterhand hat es nicht einfach, mit diesem Haufen seinen Job zu machen, aber er schlägt sich ganz wacker. Eines Tages kommt Mr. White in das Zeltlager der Landvermesser, um vor feindlichen Indianern zu warnen. Er wird Zeuge, wie Karl mit dem Kollegen Rattler aneinandergerät. Als nichts anderes mehr hilft, streckt Karl den üblen Rattler mit einem einzigen Faustschlag nieder – die Geburtsstunde des Ehrennamens Old Shatterhand. Mr. White erkennt, dass Karl es noch schwerer als zuvor haben wird, seinen Job zu machen, denn die gedemütigte Fraktion der ungehobelten Kerle sinnt auf Rache. Mr. White bietet ihm an, sich in Sicherheit zu bringen und mit ihm zu kommen.

> Die Geburtsstunde des Ehrennamens Old Shatterhand.

»Ihr gefallt mir außerordentlich, Sir. Habt Ihr Lust, mit mir zu gehen?«

»Lust oder nicht, Mr. White, ich darf nicht, denn meine Pflicht bindet mich hier.«

»Nonsense! Ich verantworte es.«

»Das nützt mir nichts, wenn ich es nicht selbst verantworten kann. Ich bin hierhergeschickt worden, um diese

Teilstrecke vermessen zu helfen, und darf nicht fort, weil
wir noch nicht fertig sind.«

Weniger gefestigte Menschen hätten das Angebot Mr.
Whites mit Handkuss angenommen. Doch ein »Der hat
gesagt, ich darf das!« ist für einen echten Krieger kein
Argument. Old Shatterhand fühlt die Verpflichtung,
seinen Job fertig zu machen. Denn so hat er es verspro-
chen. Von der Verantwortung, die er übernommen hat,
kann ihn niemand entbinden, nur er selbst. Er wählt
nicht den leichten Weg, sondern den ehrenvollen.
Verantwortung zu übernehmen kann man nicht früh
genug lernen. Mit sieben Jahren war ich dafür zuständig, dass der Müll rausgebracht wird. Das hört sich
nicht schlimm an, doch es war ein übler Job. In Rio
wohnten wir oben auf einem Berg, vom Haus hinun-
ter zur Straße führte eine endlose Treppe, über die ich
den schweren Eimer schleppen musste. Später kamen
noch weitere Aufgaben dazu. Rasenmä-
hen zum Beispiel, Apfelernte, abends den
Sandkasten zudecken, damit die Katzen
nicht reinpinkeln – ich war also für die
Dinge verantwortlich, für die ein Talent

Die erste Verantwortung in meinem Leben: den Müll rausbringen.

zur Grobmotorik reicht. Mein Bruder Ulf dagegen war
das Technik-Genie, er reparierte Toaster, Uhren und
Waschmaschinen und sorgte für den Fahrrad-Fuhr-
park. Natürlich haben wir Kinder auch mal gemeckert,
aber das war reine Formsache. Uns war klar, dass eine
Familie auch eine Arbeitsgemeinschaft ist. Jeder von
uns musste und wollte einen Teil beitragen.
Genauso halten wir es auch heute in der nächsten Generation. Als die Frage im Raum stand, ob wir uns einen

Hund zulegen, veranstalteten wir einen Powwow. Bei uns steht eben nicht plötzlich zu Weihnachten ein Hund unterm Baum; so etwas geht nur selten gut. Denn ein Hund ist Freude, schränkt aber auch die Bewegungsfreiheit ein. Zur Ratsversammlung gehörten meine Frau und ich, die beiden kleineren Kinder im Grundschulalter und meine große Tochter Emily, die schon nicht mehr bei uns wohnt. Wir spielten gemeinsam Szenarien durch: Wer steht früher auf, um mit dem Hund rauszugehen, und wer macht abends die letzte Runde? Und was würde mit dem Hund passieren, wenn wir Urlaub machen? So ein Tier ist auf Menschen fixiert, eine Hundepension käme für uns nicht in Frage. Am Ende beschlossen wir gemeinsam, dass wir einen Hund in die Familie aufnehmen wollen. So kam Fee, die Französische Bulldogge zu uns, eine 100-prozentige Bereicherung fürs Familienleben und für jeden von uns eine zusätzliche Verpflichtung. Ich gehe die Morgenrunde, meine Frau kümmert sich am Nachmittag. Die kleineren Kinder helfen beim Füttern und wenn mal ein Häufchen im Garten liegt. Die große Tochter Emily springt im Urlaub ein. Alles perfekt organisiert. Und dann kam doch noch eine Situation, die wir nicht vorhergesehen hatten: Emily hatte zugesagt, sich um Fee zu kümmern, wenn der Rest der Familie zu den Bad Segeberger Karl-May-Festspielen fuhr. Doch dann sollte sie genau in dieser Zeit ein Praktikum machen. Emily versuchte, ihrer Verantwortung auf eigene Faust gerecht zu werden. Sie fragte im Bad Segeberger Hotel nach: Darf man einen Hund mitbringen? Darf man. Problem gelöst. Dass sie auf eigene Faust nach einem Ausweg gesucht hat, statt den Ball sofort der Familie zuzuspielen, fand ich klasse.

Es könnte alles so gut sein – jeder trägt seinen Teil zum Gelingen bei, alle sind happy. Aber es gibt natürlich auch immer die Störenfriede und Quertreiber. Nähern sich feindliche Indianer, greifen Krieger zu Kriegsbemalung und Tomahawk.

Auf dem Kriegspfad

Wenn jemand ungerecht behandelt wird, sehe ich rot. In den Achtzigerjahren hatte die Agentur, für die ich arbeitete, einen Großkunden aus Fernost. Zu Anfangszeiten der Globalisierung prallten die Kulturen noch recht ungebremst aufeinander, und bald wurde klar, dass sich im Umgang mit den koreanischen Herren nicht nur kleinere Missverständnisse ereigneten, über die man mit einem Lächeln hinweggehen konnte. Sie ließen es völlig an Respekt für unsere weiblichen Mitarbeiter fehlen. Wenn Frauen redeten, wurden sie abgewürgt, wenn sie sich am Telefon meldeten, wurde einfach aufgelegt. Bei einem Meeting in Düsseldorf kam es zum Eklat. Der Kundenvertreter kam herein, gab uns Männern freundlich die Hand und ließ die Frauen eiskalt stehen. Als ich ihn darauf aufmerksam machte, dass es in unserem Land anders läuft, winkte er nur ab: »Money is relevant.« Zu seiner größten Überraschung teilte ich ihm mit, dass wir nicht mehr für ihn arbeiten würden. Diese Entscheidung hat die Agentur einiges an Geld gekostet, doch intern hat sie viel gebracht. Denn die Mitarbeiter, Männer und Frauen, hatten nun den Beweis dafür, dass für die Agentur Geld zwar relevant, aber auch nicht alles ist. Und dass diejenigen, die sich selbst nur zu einem viel höheren Preis verteidigen können, von ihren Häuptlingen beschützt werden.

Es kam auch vor, dass Agenturmitarbeiter grundlos von einem Kunden beschuldigt wurden, wenn ein Projekt nicht optimal lief. Besonders dreist war der Mitarbeiter eines Agenturkunden, der Deadlines verpennt hatte und seinen Fehler der Agentur in die Schuhe schob. Sein Chef fand harsche Worte für unser vermeintliches Versagen. Bei derartigen Ungerechtigkeiten lege ich volle Kriegsbemalung an und ziehe in die Schlacht. Nächtelang sah ich alle Dokumente durch, bis ich die Beweise für unsere Unschuld zusammen hatte. Der Geschäftsführer des Unternehmens entschuldigte sich persönlich, mit einem wesentlichen Beitrag zu unserer nächsten Weihnachtsfeier machte er seine Ungerechtigkeit wieder gut. Der interne Falschspieler hat vor Scham selbst gekündigt.

Unter ehrenhaften Kriegern gilt das Fairnessgebot. Dazu gehört auch, dass Mann gegen Mann gekämpft wird. Schon als wir Geschwister noch Kinder waren, machten uns unsere Eltern klar: »Wenn ihr seht, dass mehrere gegen einen kämpfen, dann müsst ihr dazwischen gehen.« Natürlich meinten sie nicht, sich ohne Rücksicht auf Verluste in Gefahr zu begeben. Ein wenig List schadet nicht. In der S-Bahn zum Beispiel habe ich schon einige Male mitbekommen, dass ein Mitfahrer belästigt wird. Meistens picken sich ein paar Übeltäter einen Passagier heraus, den sie quälen; sie bauen darauf, dass die anderen stillhalten. Doch ich habe es ein Leben lang so gehalten, wie ich es beigebracht bekommen habe: Ich greife ein. Meine Frau wundert sich, dass ich noch nie

»Jaja, hast ja Recht, Alter!«

was auf die Nase bekommen habe. Ich muss zugeben, dass ich bisher Glück hatte. Aber auch genug Fingerspitzengefühl, um nicht im Aggressionsmodus zu agieren. Denn bei Leuten, die im Tunnel sind, kommst du nicht weit damit, wenn du rufst: »Wenn ihr nicht aufhört, dann gibt's was auf die Zwölf!« Ans Ziel kommst du, wenn du die Situation deeskalierst: »Wenn du hier allein in der Bahn wärst, das wär doch auch nicht toll ...« Oder: »Ist doch peinlich, stell dir vor, das wär deine Freundin ...« Meistens kommt dann die Antwort: »Jaja, hast ja Recht, Alter.« So mancher Typ, der Spaß daran hat, andere zu quälen, wird auf einmal lammfromm, wenn ich ihm fünf Euro in die Hand drücke. »Da, hol dir und deinem Kumpel beim nächsten Büdchen ein Bier und spült euch mal den Ärger runter.« Aufforderung zum Alkoholismus? Kann sein. Mit Sicherheit aber eine Möglichkeit, Leuten, die einfach nur in Ruhe nach Hause wollen, Belästigungen und Unerfreulichkeiten vom Hals zu halten.

Im Bau

Bei manchen Kämpfen weißt du von vornherein, dass du sie verlieren wirst – und kämpfst sie trotzdem. Ich bin es von Haus aus gewohnt, meine Meinung zu sagen und Dinge in Frage zu stellen. Bei der Bundeswehr war ich mit dieser Einstellung natürlich an der völlig falschen Adresse. Einmal sollte ich eine Halle fegen, die in meinen Augen sauber war. Ich fegte nicht. Befehlsverweigerung. Ich sah auch nicht ein, mich mit dem sperrigen Gewehr auf Kommando immer wieder hinzuschmeißen, schon allein, weil es ganz schön wehtat. Also blieb ich stehen. Befehlsverweigerung. Die Konsequenzen waren mir klar und ich trug sie. So manches Wochenende wurde mir gestrichen und ich musste Dienst schieben. Nach ein paar Verweigerungen bekam ich auch mal Arrest. Nicht schlimm. Es gab Essen und Trinken und gegen die Langeweile lag sogar ein Buch auf der Pritsche: die Bibel. Ich hab sie komplett durchgelesen und fand sie besser, als ich erwartet hatte. Zum ersten Mal kapierte ich, was es mit den Jüngern und Judas auf sich hat, die Botschaft, die hinter Pfingsten steht. Ich hatte ein Aha-Erlebnis nach dem anderen. Ich fand auch das Storytelling gelungen, lauter interessante Geschichten, in der Schule waren die nie so richtig rübergekommen. So wurde meine Bestrafung zu einem richtigen Gewinn.

> Mit dieser Einstellung war ich beim Bund an der falschen Adresse.

Wo für einen Krieger die Grenze liegt zwischen »Mit dem Kopf durch die Wand« und »Ach, lass mal ...« ist abhängig von seiner Persönlichkeit. Die einen sind geduldig und tolerant, andere weniger. Auch mein Vater war jemand, der mit seiner Meinung nicht hinter dem Berg hielt – von ihm hatte ich das ja. Seiner beruflichen Karriere war das nicht förderlich. Ich erinnere mich zum Beispiel an einen sehr lange andauernden Kampf mit einem seiner Schulleiter. Dessen Motto lautete: »Neue Ideen höre ich mir gerne an, aber Änderungen wird es mit mir niemals geben.« Mein Vater war nicht der Typ dafür, in die Tischkante zu beißen und still zu sein. Es war klar, dass er nicht gewinnen konnte, aber immer wieder zog er in die Schlacht hinaus, holte sich blaue Flecken und kehrte zurück in den Wigwam. In dieser

Zeit sorgte meine Mutter mit Kerzen, Kaffeestunde und Kuchen in ganz besonderem Maße dafür, dass unser Haus ein Ort des Friedens war. Wir unternahmen gemeinsam viele schöne Dinge, um meinen Vater auf andere Gedanken zu bringen. Das Problem löste sich von ganz allein, irgendwann wurde der Schulleiter wegbefördert. Ich habe diese Zeit des Kampfes heute als eine besonders intensive Familienzeit in Erinnerung, in der unser Zusammenhalt besonders eng war. Und das habe ich schon damals verstanden: Wenn du einen langen Kampf kämpfst, brauchst du einen Rückzugsort, an dem du wieder zu Kräften kommen kannst.

Mit offenem Visier

Ohne Furcht Mann gegen Mann – das ist die Devise. Aber auch: Wenn du kämpfst, dann nicht aus dem Hinterhalt heraus. Ich muss zugeben, dass mir da ein Ausrutscher passiert ist. Für den habe ich dann auch prompt teuer bezahlen müssen.
Bei einer meiner beruflichen Stationen hatte ich einen Kollegen, dem ich von Anfang an herzlich misstraute. Sein Blick hatte etwas Verschlagenes. Er lächelte mich an, aber ich spürte, dass er es nicht ernst meinte. Genau so hatte ich mir immer »Langes Ohr«, den hinterhältigen Häuptling der Timbabatschen, vorgestellt. In der Geschichte vom Schatz im Silbersee stellt er sich freundlich und verrät dann die gutgläubigen Helden Winnetou, Old Shatterhand und Old Firehand eiskalt an deren Todfeinde, die Utahs. Mit gespaltener

Dann kam die Katerstimmung. Ich war zu weit gegangen.

Zunge sprach auch der Lächler. Wo immer sich eine Gelegenheit bot, bremste er meine Leute und mich aus. Leider fand ich nie eine Möglichkeit, ihn festzunageln. Und dann machte ich einen großen Fehler: Auf der Weihnachtsfeier mit meinem Stamm hielt ich eine lockere Ansprache, sagte kleine Gedichte auf und gab dann zusammen mit drei Kollegen einen Sketch zum Besten, in dem wir die gesamte Abteilung durch den Kakao zogen. Die Betroffenen standen alle vor der Bühne und bogen sich vor Lachen. Aber ich machte mich auch über den unbeliebten Lächler aus der Nachbarabteilung lustig. Ich imitierte seinen Dialekt und machte ihn zum Kasper. Je mehr die Leute grölten, desto mehr legte ich nach. Es war ein toller Abend. Auf einem Zettel hatte ich Reime auf Kosten des fiesen Kollegen vorbereitet, die ich zur allgemeinen Erheiterung vortrug. Achtlos ließ ich das Blatt am Stehpult liegen und feierte mit meinen Leuten weiter.

»Langes Ohr« übernahm meinen Job.

Ein paar Tage später kam der Kater. Ich war zu weit gegangen. Das Textblatt des Sketches, das ich nach der Aufführung schon vermisst hatte, kam auf dem Schreibtisch meines damaligen Chefs wieder zum Vorschein. Irgendjemand muss den Zettel meinem Erzfeind gegeben haben, und der hatte ihn gleich an unseren obersten Chef weitergereicht. Mein Verhältnis zum Chef war sowieso angespannt gewesen, aber jetzt war der Ofen aus. Die unbeschwerten Tage mit meinem Stamm waren vorbei, ich suchte zeitnah das Weite und verließ die Firma. »Langes Ohr« übernahm meinen Job. Meine Lektion habe ich gelernt. Nie wieder habe ich hintenherum agiert. Seit diesem Erlebnis spreche ich unangenehme Themen und unangenehme Leute noch direkter als früher an, suche den offenen Kampf. Den kann man durchaus auch mal verlieren, aber alles ist besser, als aus dem Hinterhalt anzugreifen und dann, in den Büschen liegend, selber eine Kugel in den Rücken zu bekommen.

Wolkenschlösser und Lügenmärchen

Natürlich schaue ich genau hin, wie es mein jeweiliges Gegenüber hält. Nicht immer kann man sich auf Offenheit und Ehrlichkeit verlassen. In jedem zweiten Vorstellungsgespräch wird mehr geflunkert, als es der Situation angemessen ist. Dass eine Kündigung des Arbeitgebers als freiwilliger Wechsel verkauft wird, ist ja gerade noch legitim. Aber wenn ein ganzes Kartenhaus auf Lügen aufgebaut wird, ist der Spaß vorbei.

Einmal hatte sich ein Selbstständiger als Senior Berater bei uns beworben. Im Einstellungsgespräch pries er sich an, wie unglaublich erfolgreich er sei und was für tolle Dinger er schon gedreht habe. Seine Webseite war vollgepackt mit den Logos angeblicher Kunden. Dauernd redete er von »mein Team, meine Leute«. Wenn in seiner Firma alles so großartig lief, warum wollte er wieder als Angestellter bei einer Agentur arbeiten? Da stimmte was nicht. Als er wieder einen Kunden erwähnte, der enorm zufrieden mit seiner Dienstleistung gewesen sei, sagte ich: »Ach, den kenne ich ja. Den können wir ja mal gleich anrufen.« Da wurde der Bewerber auf einmal bleich um die Nase.

»Die härteste Lektion meines Lebens, ein heilsamer Schock.«

Es kam heraus, dass er der Firma, die er als Referenz angegeben hatte, nur mal eine Idee zugeschickt hatte. Auf einmal war er nicht mehr smart und erfolgreich, sondern ganz kleinlaut. Aber er hat mich dann doch noch positiv überrascht. Beim Abschied sagte er zu mir: »Bitte entschuldigen Sie meinen Auftritt. Das war die härteste Lektion meines Lebens, ein heilsamer Schock.«

Lügner sind nicht selten, weder in meiner Branche noch in anderen. Aber (fast) immer fliegen sie auf. Bei näherem Hinsehen schnurren die tollen Kundenlisten und die großartigen Stationen im Lebenslauf auf ein paar Punkte zusammen, die nicht viel hermachen – denn wenn Menschen meinen, dass sie lügen müssen, hat das meistens einen guten Grund. Wer eine Firma als Referenz angibt, obwohl er dort nur mal einen Sonnenschirm aufgestellt hat, dessen Lügengebäude bricht schnell zusammen. Denn persönliche Referenzen werden heute häufiger nachgeprüft als früher. Es vergeht keine Woche, in der nicht jemand bei mir anruft und nachfragt. »Frau XX hat sich bei uns beworben und Angaben darüber gemacht, dass sie sehr erfolgreich in Ihrer Agentur gearbeitet hat. Sagen Sie mir bitte: War das wirklich so?«

Wer falschspielt, ist unten durch. Das gilt für alle. Auch für den »charmanten, vermögenden, 40-jährigen Surfer«, der sich im Online-Partnerportal als 55-jähriger Koloss mit XXL-Wampe entpuppt. Kann wirklich jemand glauben, dass er das Herz eines Menschen erobern wird, den er so hinters Licht geführt hat?

Stacheldraht-Weihnachten

Krieger kämpfen aufrecht und ehrlich, gehen manchmal auch in eine aussichtslose Schlacht. Aber sie wissen auch, wann es besser ist nachzugeben, um ans Ziel zu kommen.

Meine Eltern hatten eine genaue Vorstellung davon, wie man Weihnachten feiert. Ein festlich geschmückter Weihnachtsbaum und die alte Holzkrippe mit den geschnitzten Figuren durften nicht fehlen; mein Vater hatte – nicht auszudenken, wenn das der TÜV gesehen hätte – sogar eine kleine Lampe unter dem Dach der Krippe montiert, damit sie so hell wie der Stern von Bethlehem strahlte. Es gab den obligatorischen Kirchgang, und wenn wir wieder daheim angekommen waren, wurde gemeinsam gesungen und mein Vater trug im schwarzen Anzug mit Krawatte und feierlicher Miene die Weihnachtsgeschichte vor. Erst danach gab es die Geschenke. Es begab sich aber zu der Zeit, dass die heranwachsenden Kinder den ganzen Zinnober kurzerhand als »total überflüssig« einstuften. Einen Weihnachtsbaum sollte es »dem Wald zuliebe« nicht mehr geben, und überhaupt dieses ganze »Rumgesitze, -gesinge und -gerede« … Ich wollte lieber ein Inspirations-Seminar abhalten oder über die Weltwirtschaft diskutieren, mein Bruder verzierte in Anlehnung an Amnesty International die ehrwürdige Krippe mit Stacheldraht und meine Schwester hängte weiße Papierkreuze in den Tannenbaum. Offener Weihnachtsaufstand im Hause Behrendt. Und meine Eltern? Sie ertrugen es einfach. Was hätten sie auch tun sollen? Man kann niemanden

Offener Aufstand im Hause Behrendt.

147

zum Mitsingen zwingen. Umso lauter sangen sie selbst. Mein Vater legte den Stacheldraht sorgfältig *hinter* die Krippe und meine Mutter hängte dicke rote Kugeln vor die weißen Papierkreuze am Baum.

Im Laufe der Jahre wich unsere Opposition der Einsicht und der Bewunderung für meine weisen Eltern. Sie haben nicht mit uns gestritten, sondern haben uns gewähren und sich gleichzeitig nicht beirren lassen. Heute feiere ich Weihnachten genauso traditionell-romantisch wie meine Eltern. Sie hatten recht: Tradition hat einen Wert und sollte verteidigt werden. Nur die Glühbirne in der alten Strohkrippe, die jetzt in meiner Familie steht, habe ich entfernt. Ich bin bekanntlich ein großer Fan von Lagerfeuern, aber nicht in Form einer brennenden Holzkrippe im Wohnzimmer am Weihnachtsabend.

Auf und Ab

Echte Krieger sind Menschen mit Ecken und Kanten. Denjenigen, die ihre Hilfe brauchen, stehen sie bei, wer ihnen blöd kommt, wird entwaffnet oder – wenn nichts anderes hilft – bekommt eins auf die Mütze. Übertriebene Rücksicht auf die eigene Person ist ihnen fremd. Furchtlos und aufrecht gehen sie durchs Leben.

Als ich bei der Karussell Musik & Video GmbH arbeitete, grübelten Marketingleiter Jochen Schuster und ich gerade im Konferenzzimmer am Hamburger Holzdamm über irgendeiner Sales-Aktion, als auf einmal Gunter Gabriel mit seiner Gitarre im Arm in den Raum reingeschneit kam. Unangemeldet. Er war ein massiger Typ, stabil wie ein Bär und mit Riesenpranken; wenn Gunter reinkam, wurde es dunkel im Raum. Wir blickten überrascht von unseren Unterlagen hoch. »Hey, Jungs«, sagte Gunter, »hört mir mal zu, ich hab irre neue Songs dabei.« Gunter war keiner, der sich um Termine scherte; er kam einfach und legte los. »Gib nicht auf, Daddy« habe ich heute noch im Ohr.

Gunter war Vollblut-Musiker und echter Cowboy – und eine ehrliche Haut. So einen wie ihn kann man heute lange suchen. Er hat es sich im Leben nicht leicht gemacht, aber bei aller Chaotik und allen selbstgemachten Problemen war er immer hundertprozentig geradeaus und authentisch. Irgendwann hatte er eine halbe Million Schulden aufgehäuft, doch sich in eine Privatinsolvenz rein zu retten war nicht sein Ding. Lieber sang er vor zwanzig Leuten bei Baumarkt-Eröffnungen, um den Schuldenberg wieder ein kleines Stück abtragen zu können. Seine Wohnzimmerkonzerte für 1.000 Euro sind legendär. »Ich kann ja nur Musik machen, ich kann sonst nichts«, sagte er. Nie hatte er Kohle, war aber immer großzügig, seinen Freunden hätte er jederzeit sein letztes Hemd gegeben – hat er wahrscheinlich auch, sonst wäre er nicht dauernd pleite gewesen. 2009 feierte er mit seinem Album »Sohn aus dem Volk« ein starkes Comeback und in seinem Buch »Wer einmal tief im Keller saß« ließ er seine Fans an seinem Achterbahnleben teilhaben. 2017 starb Gunter. Ein echter Typ und aufrechter Krieger, der sich mit seinen Liedern und seinem Leben sein eigenes Krieger-Denkmal geschaffen hat.

> Ein echter Typ und aufrechter Krieger.

···

Ein guter Häuptling findet zur richtigen Zeit die passenden Worte; was er sagt, kommt so an, wie es gemeint ist. So behält er das Vertrauen seines Stammes und kann ihn sicher in die Zukunft führen. Er weiß, dass nicht nur im Großen Stammesrat sein Wort gehört wird; jede Begrüßung, jedes freundliche Zunicken, jedes ehrliche Feedback trägt dazu bei, dass der Zusammenhalt auch Krisenzeiten übersteht.

Ich erinnere mich noch gut an die trostlosen Biologiestunden, in denen alle Fenster geschlossen und die Rollos heruntergezogen waren. Im stickigen Klassenzimmer hantierte der Biologielehrer am Projektor herum und wenn der Film endlich flimmernd loslief, fielen wir Schüler endgültig in einen Dämmerzustand. Dafür sorgte neben der schlechten Luft und der Dunkelheit vor allem die leiernde, einschläfernde Stimme des Sprechers: »So sieht das Molch-Ei nach einem Tag aus, so sieht das Molch-Ei nach zwei Tagen aus ...« Selbst der Kopf des Lehrers nickte nach vorne. Erst wenn das lose Ende des Super-8-Films gegen die Filmrolle klackerte, wurden wir alle wieder wach.

Was für einen Unterschied machten da die Tierfilme im Fernsehen! Bernhard Grzimek erlebte in der afrikanischen Savanne echte Abenteuer. Wenn er einem Millionenpublikum seine Filme zeigte, brachte er einen Fischotter, ein Orang-Utan-Baby oder zwei kleine Tiger als seine »possierlichen kleinen Freunde« mit ins Studio, und auf einmal war die Verbindung da! Grzimek, Sielmann und all die anderen großen Tierfilmer redeten nicht ins Leere, sondern mit dem Zuschauer.

Die Zuhörer erreichen und auf eine Reise mitnehmen – manche Menschen sind in dieser Disziplin Naturtalente. Da ist Armin Maiwald, der seit Jahrzehnten in der »Sendung mit der Maus« anschaulich und kurzweilig Antwort gibt auf Fragen wie: »Wie kommt das Wasser in die Toilettenschüssel?« Da hört jeder gerne zu, auch wenn er sich die Frage vorher nie gestellt hat. Delling und Netzer wurden mit ihren Kabbeleien vor laufender Kamera zur Legende. Eckart von Hirschhausen hat wahrscheinlich für Gesundheit und Lebensqualität seiner Zuschauer mehr getan als ein Dutzend Gesundheitsausschüsse. Gute Redner vermitteln Wissen, Haltung, Spirit. Manchmal fesseln sie ihr Publikum sogar völlig unvorbereitet. Marcel Reif und Günther Jauch überbrückten beim Halbfinale in der Champions League 1998 den »Torfall von Madrid«, indem sie 76 Minuten lang live plauderten, bis ein neues Tor installiert worden war und das Fußballspiel endlich losgehen konnte.

Mit den Menschen reden und nicht ins Leere.

Auch Winnetou wird von seinem Lehrmeister Klekih-petra als außerordentlich talentierter Menschenfänger beschrieben:

»*Dieser Jüngling besitzt reiche Gaben. Wäre er der Sohn eines europäischen Herrschers, so würde er ein großer Feldherr und ein noch größerer Friedensfürst werden.*«

Wie macht Winnetou das nur?

Schulterschluss im Parkett

Ein guter Häuptling ist nah dran an seinen Stammesangehörigen und spricht niemals von oben herab. Auch wenn ein Redner hierarchisch weit über dem Publikum steht, achtet er während seiner Ansprache auf Augenhöhe, danach kann er getrost wieder in seine Sphären entschweben. J. F. Kennedy hat vorgemacht, wie das geht: »Ich bin ein Berliner«, sagte er. Ein Satz für die Ewigkeit. Einen Moment lang waren der amerikanische Präsident und der Mann auf der Straße Stammesbrüder. Genau deswegen erreichte JFK seine Zuhörer, ein weidwundes Volk fühlte sich gewertschätzt. Er hatte den Satz sogar auf Deutsch eingeübt, damit er nicht nur im übertragenen Sinne die Sprache seiner Zuhörer sprach. So mancher Unternehmenslenker kann das nicht von sich behaupten, wenn er in einem *Town Hall Meeting* seiner Mannschaft *Change* verordnet. Ich habe oft erlebt, dass Redner nicht viel Ahnung davon hatten, was ihr Publikum bewegt. In diesen Fällen sprang der Funke nicht über. Warum sollten Menschen auch einem Redner vertrauen, der nichts über ihre Lebenswirklichkeit weiß? Dass Mitarbeiter die Distanz wahrnehmen, wenn sie einem abgehobenen Chef begegnen, zeigt die Online-Studie des Marktforschungsunternehmens Innofact von 2016. Im Auftrag der Karriereberatung von Rundstedt fragte es Angestellte, ob und was sie anders machen würden, wenn sie für einen Tag Chef wären. Das Ergebnis der repräsentativen Online-Umfrage: Nur 16 Prozent waren mit ihren Vorgesetzten rundum zufrieden und sagten, dass sie nichts ändern würden. Exakt

JFK - ein Satz für die Ewigkeit.

dreiviertel der Befragten sahen allerdings Verbesserungsbedarf. Die meisten von ihnen (63 Prozent) gaben an, dass sie als Chef ausführlich mit den Mitarbeitern sprechen würden, um zu erfahren, was sie bewegt. Genau das ist es also, was ihnen in ihrem Arbeitsalltag am meisten fehlt und was sie sich von ihren Vorgesetzten wünschen.

Vertrauen erwirbt man nicht auf der Rednerbühne, dort beweist man, dass man es verdient hat. Ob ein Häuptling vertrauenswürdig ist, entscheidet sich im alltäglichen Umgang. Berufliches Können darf vorausgesetzt werden; aber kann der Chef auch alle mit ins Boot holen und Konsens herstellen? Diesen Beweis von Führungsqualitäten erbringt der Chef nicht dadurch, dass er sich duzen lässt. Sondern indem er den Spirit seines Teams oder seines Unternehmens bestimmt. Nicht das Firmenlogo hält einen Stamm zusammen – heutzutage sind in jeder Besucherlounge neben Empfang und Sitz-ecke die Leitlinien an die Wand gepinselt. Da ist dann viel von Wertschätzung und Füreinander-da-sein die Rede. So etwas ist schnell geschrieben. Die große Kunst ist es, diese Werte im Alltag umzusetzen. Es sind die Chefs, in größeren Unternehmen auch die Leute der zweiten und dritten Ebene, die dafür sorgen (oder auch nicht). Das klappt aber nur, wenn sie ein Gespür dafür haben, wo ihre Mitarbeiter und Teamkollegen gerade stehen.

Die Wahrheit und nichts als die Wahrheit

»Der kleine Mann« will nicht nur, dass Leader wissen, was an der Basis los ist, er will auch erfahren, wie es an der Führungsspitze aussieht. Wirtschaftslenker und Politiker sollen keine Geschichten erfinden, sondern mit der Wahrheit rüberkommen. Das heißt: Der Häuptling muss auch bei Härten die Fakten klar benennen. Niemandem wird vorgeworfen, dass er die Wahrheit sagt; was die Leute einem Leader nicht verzeihen, ist ein böses Erwachen. Zum Beispiel wenn der Geschäftsführer seinen Angestellten ein Luftschloss baut und zwei Monate später die Entlassungswelle anrollt. Bleiben die Aufträge aus oder findet eine Fusion mit einem anderen Unternehmen statt, zählt jeder 1 und 1 zusammen. Die Führungsebene hat dann die Aufgabe, den Leuten vernünftig mitzuteilen, was Sache ist. Was sie hören wollen, sind keine Märchen, sondern: »Wir werden das folgendermaßen regeln.«

Sie wollen keine Märchen, sondern Fakten hören.

Als PR-Berater war ich bei vielen heiklen Situationen mit dabei, und ich habe nie erlebt, dass ein Kunde seine Mannschaft böswillig täuschen oder über den Tisch ziehen wollte. Ein-, zweimal kam es allerdings vor, dass einer aus Verbundenheit zu seinen Angestellten blühende Landschaften versprechen wollte, wo keine zu erwarten waren. Um meinen Auftraggeber nicht ins offene Messer laufen zu lassen, lautete dann mein Rat: »Wenn Sie Ihren Leuten nicht reinen Wein einschenken, wird Ihnen das um die Ohren fliegen.« Denn Mitarbeiter schauen hinter die Fassade, ab einer gewissen Größenordnung kommen ihnen die Journalisten zu Hilfe. Nur die wenigsten unter ihnen verstehen sich als Hofberichterstatter. Susanne Beyer, stellvertretende Chefredakteurin des »Spiegel«, fasste das Berufsbild auf der Veranstaltung »Journalismusdialog – Wege aus der Filter Bubble« im Juni 2017 sehr schön zusammen: »Wir müssen uns klarmachen, dass wir da sind, um zu stören, nicht um zu bestätigen.« Mitarbeiter, Journalisten, die Konkurrenz – sie alle sorgen dafür, dass die alte Weisheit ihre Gültigkeit behält: »Die Wahrheit kommt immer heraus, die Frage ist nur, wann.«

Mit offenen Karten zu spielen ist eine der vielen Facetten von Wertschätzung. Eine Ausnahme gibt es allerdings: Im Rettungsmodus kann nicht lange gefragt und erklärt werden, dann ist ein Red Adair gefragt: Helm auf und Feuer löschen. Es kam vor, dass die Agenturen, für die ich gearbeitet habe, insolvente Firmen übernahmen. Da war keine Zeit für einen Stuhlkreis – wenn die Kreditlinien auslaufen, geht es manchmal buchstäblich um Stunden. Aus der Konkursmasse wurde unter ungeheurem Zeitdruck gerettet, was zu retten war; wenn dann 20, 30 Jobs von 70 erhalten werden konnten, war das ein Erfolg. Und alle wussten: Unter den herrschenden Bedingungen hätte man es nicht besser machen können.

Helm auf und Feuer löschen.

Bauchschmerzen und Schweißausbrüche

In der Schule war ich ein fauler Hund. Physik: keine Peilung. Chemie: ein Buch mit sieben Siegeln. Hätte ich mich ein wenig angestrengt, wäre ich gar nicht mal so schlecht gewesen. Aber ich setzte darauf, dass mich meine mündlichen Noten so weit rausrissen, dass ich es in die nächste Klasse schaffte. Meine Rechnung ging auf, nur ein einziges Fach machte mir großen Kummer: Mathe. Vor Mathe hatte ich panische Angst. Rechnen, so wie man es für die Buchführung braucht, war für mich nie ein Problem gewesen. Das kannte ich ja vom Monopoly. Innerhalb weniger Sekunden wusste ich, was die Renovierung von vier Hotels und dreizehn Häusern kostet. Aber bei Geometrie, quadratischen Gleichungen, Differenzialrechnung war ich wie blockiert. Das waren nicht einfach nur Faulheit und Unlust – meine Bauchschmerzen und Schweißausbrüche waren real! Die Mathelehrer, allesamt Zahlen-Junkies mit der Ausstrahlung eines Taschenrechners, hatten mich längst aufgegeben. Wenn ich wieder mal nur Bahnhof verstand, waren sie sauer: »Also, wer die Formel jetzt immer noch nicht versteht, der kann einpacken.«

Dann kam eine neue Lehrerin in die Klasse. Mit ihrer netten, positiven Art machte sie mit mir und zwei, drei weiteren Nachzüglern Förderunterricht. Statt zu meckern und uns klein zu machen, erklärte sie uns alles noch mal ganz von vorn, auf spielerische Art und ohne Druck. Endlich bekam ich Textaufgaben gestellt, unter denen ich mir etwas vorstellen konnte! »20 Schüler gehen auf Klassenfahrt, 12 sind versackt ...« Auf einmal fand Mathe nicht weit vorne an der Tafel statt, sondern auch in meinem Kopf. Ich begriff, dass Mathe kein Hexenwerk ist. Ohne Angst war der Weg frei, eine Drei zu schaffen, gefühlt war das eine Eins plus.

Wenn der Häuptling vor versammelter Mannschaft redet, dann muss er nicht nur darauf achten, dass er die Distanz zwischen ihm und den Zuhörern überwindet, er muss auch ein ganz besonderes Augenmerk auf die Ängste der Menschen haben. Denn der Große Stammesrat wird ja oft nur zu zwei Gelegenheiten einberufen. Erstens: bei der Weihnachtsfeier. Zweitens: wenn Umbau, Abbau und andere Veränderungsprozesse ins Haus stehen. Aus der Zeit der vielen Fusionen haben die Leute gelernt: Veränderung kann mich meinen Arbeitsplatz kosten. Entsprechend abwartend-negativ ist die Stimmung bei solchen Veranstaltungen. Doch wenn Angst herrscht, verlässt Vertrauen den Raum. Das ist übel, denn nur wenn der Stamm Vertrauen zum Häuptling hat, wird er seine Leute mit geringstmöglichen Verlusten durch die Krise führen können. Deshalb ist es so wichtig, dass die Botschaft rüberkommt: Hier hat einer alles im Griff.

Als im Februar 1962 eine Sturmflut große Teile Hamburgs verwüstet, bewahrt der damalige Polizeisenator Helmut Schmidt kühlen Kopf und hält mit strategischem Geschick die Verluste in Grenzen. Er ist das jüngste Mitglied des Hamburger Senats, gerade einmal neun Wochen im Amt. Tatkräftig setzt er sich über alle Regeln hinweg und organisiert von Bundeswehr und Nato Hubschrauber, die tausend Hamburger Bürger aus höchster Lebensgefahr retten. Er findet auch die richtigen Worte, als er die Menschen über die Lage informiert. Schmidt ist ernst und beschönigt nichts. Die Menschen hören ihm zu und spüren sofort: Der hofft nicht einfach nur, dass alles schon irgendwie gut geht. Er *weiß*, dass alles Menschenmögliche unternommen wird, um die Zahl der Opfer und die Verwüstungen so gering wie möglich zu halten. Weil er es selber macht.

In Uwe Bahnsens Buch »Hamburg im Herzen – Helmut Schmidt und seine Vaterstadt« wird folgende Szene be-

> Den Menschen zeigen: Hier hat einer alles im Griff.

schrieben: Helmut Schmidt ist mit einem Hubschrauber in Hamburg-Neuenfelde gelandet, um sich einen Überblick über die Lage zu verschaffen. Der Stadtteil ist wegen mehrerer Deichbrüche stark überflutet. Im Kreis seiner Entourage trifft Schmidt auf einen einsamen Polizeiposten, der seit Tagen nicht abgelöst worden war; der Mann ist am Ende seiner Kräfte. »Wie ist das möglich, Herr Buhl?«, fragt Schmidt den ihn begleitenden Polizeipräsidenten. Der antwortet: »Wir werden das prüfen, Herr Senator« – »Nein, Herr Buhl, Sie werden das nicht prüfen. Sie werden den Mann ablösen, und zwar durch mehrere Leute. Und wenn Sie nicht genug Leute haben, schickt Herr Oberst Messerer Ihnen sicher gerne ein paar Feldjäger.« Und mit einer Wendung an den neben ihm stehenden Oberst: »Nicht wahr, Herr Messerer?«

Wo immer er auch in den kritischen vier Tagen auftaucht, findet er klare Worte. Die Folge: Niemand stellt ihn in Frage, selbst die in der politischen Hierarchie über ihm Stehenden nicht und auch nicht der zur Hochform auflaufende Beamtenapparat. Selbst als er weit über seine Kompetenzen hinaus das Grundgesetz übertritt, indem er kurzerhand Bundeswehrsoldaten im Stadtgebiet einsetzt, folgen ihm die Menschen. Denn sie vertrauen ihrem »Schmidt Schnauze«: Der weiß, was er tut. Alle miteinander treten Seite an Seite der Gefahr entgegen. Nach 100 Stunden ist die Krise vorbei und die Hamburger können wieder normal weitermachen.

Es sind vor allem die Ängste, die Energien in Grabenkämpfen verpuffen lassen und Verluste in die Höhe treiben. Wenn Angst besiegt wird und Vertrauen eine

Chance bekommt, kann die Stunde der Bewährung mit bestmöglichem Ergebnis überstanden werden. Hätten Helmut Schmidt und die anderen Senatoren erst mal um Zuständigkeiten gezankt, und hätten Rotes Kreuz und Technisches Hilfswerk auf eigene Faust losgelegt, dann wäre der Kampf gegen die Flut keine konzertierte Aktion geworden, sondern reines Chaos. Hunderte, wenn nicht tausende Todesopfer mehr wären zu beklagen gewesen. Genau das ist es, was ein großer Häuptling schaffen muss: Vertrauen schaffen, Ängste besiegen, Kräfte bündeln. All dies erreicht er durch eine Haltung, die Distanz gar nicht erst aufkommen lässt. Aber auch die Verpackung zählt. Eine Botschaft kann keine Wirkung zeigen, wenn die Art und Weise, in der sie vermittelt wird, nicht ankommt.

> Vertrauen schaffen, Ängste besiegen, Kräfte bündeln.

»Wie war ich?«

April 2009. 30 Stühle stehen um den Konferenztisch im 12. Stock des beeindruckenden Hochhauses. Jeder von ihnen ist besetzt. Vorne steht einer im blauen Zweireiher und schrecklicher grüner Krawatte und liest seinen Redetext vom Bildschirm eines Monitors ab. Er stottert herum, man merkt sofort, dass er sich zwingen muss, nicht herumzuzappeln. Als er sich bis an das Ende seiner Rede gequält hat, blickt er auf. 29 Paar Hände klatschen. Die Gesichtszüge des Mannes am Kopf des dunkelbraunen Tisches entspannen sich, er wischt sich den Schweiß von der Stirn. Ich trete auf ihn zu und bitte ihn, die anwesenden Claqueure vor die Tür zu schicken. Die geschniegelte Meute trollt sich grummelnd, es passt ihnen überhaupt nicht, dass ihr Häuptling mit einem Beraterfuzzi allein im Raum zurückbleibt. Endlich fällt die schwere, schallisolierte Tür ins Schloss. Ich komme sofort zur Sache: »Der Vortrag war nix, an der Körpersprache müssen wir arbeiten und die Krawatte geht auch nicht.« Mein Gegenüber ist nicht irgendwer, er ist einer der Leader der deutschen Wirtschaftselite. Solche Kritik ist er sichtbar nicht gewohnt.

Er nickt und sagt: »Danke, dass wenigstens Sie mir die Wahrheit sagen.« Das mache ich immer, auch wenn sie unangenehm ist. Ein PR-Ratgeber ist immer auch Guide und Optimierer. Mit Applaus für Mittelmäßigkeit ist niemandem gedient, schon gar nicht demjenigen, der in ein paar Tagen vor die versammelte Medienschar treten soll. Mit dieser unterirdischen Performance wäre mein Kunde zerfleischt worden wie eine lahmende Gazelle von einem Rudel Hyänen.

Bei wichtigen Reden ist ein Rehearsel, also eine Generalprobe üblich. Und zwar am besten unter Original-Bedingungen. Die Rede in einem Konferenzzimmer einzuüben, wenn das Original vor fünfhundert oder tausend Leuten stattfinden soll, ist nicht optimal. Und auch das Publikum ist wichtig. Persönliche Assistenten, Büroleiter und Redenschreiber um sich zu scharen, bringt nicht viel, der Inner Circle ist ja in derselben Welt wie der Redner unterwegs. Genau aus diesem Grund habe ich bei einem anderen Kunden einmal kurzerhand zehn Azubis zur Generalprobe dazu gebeten. Ich überzeugte sie, dass sie ganz ehrlich sein durften: »Egal, was Ihr sagt, Ihr helft damit Eurem

Mit Applaus für Mittelmäßigkeit ist niemandem gedient.

Vorstandsvorsitzenden.« Die jungen Menschen ließen sich das nicht zweimal sagen. Ich war erstaunt, wie offen sie nach dem Probelauf ihres Oberbosses ihre Kritik vorbrachten und wie unverbaut ihr Blick war. »Der hat so mit dem Zeigefinger rumgefuchtelt, das fand ich aggressiv.« Das Feedback der Azubis war so fundiert und treffend, wie ich es selten aus dem professionellen Bereich erlebt habe. Dank ihrer Hilfe wussten wir punktgenau, wo die Stolperschwellen waren und konnten daran arbeiten. Die Rede des Vorstandsvorsitzenden wurde ein voller Erfolg.

Zurück in den 12. Stock. Der Vorstandsvorsitzende und ich übten ein paar Stunden. Den langatmigen Text schrieb ich in kurze, knackige Botschaften um, eine kleine Geschichte, die bei den Zuhörern Bilder im Kopf entstehen ließen, kam noch dazu. Sogar einen Versprecher bauten wir ein, der sollte für Heiterkeit sorgen. Bei der Live-Performance machte mein Kunde seine Sache großartig, die Audience war begeistert. Und die üble Krawatte? War in der Firmenzentale geblieben. Mein Kunde trug ein offenes weißes Hemd und ein Einstecktuch zum himmelblauen Anzug. Die neue Lässigkeit kam an.

In besonders wichtigen und heiklen Fällen feilt ein ganzer Stab von Redenschreibern und Beratern an jedem einzelnen Wort und an jeder Betonung! Und trotzdem: Kein Mensch tickt genauso wie der andere, es wird immer Missverständnisse und Verständigungsschwierigkeiten zwischen Sender und Empfänger geben. Umso mehr verbietet sich die Haltung: »Ach, wenn ich da oben stehe, fällt mir schon das Richtige ein.« Nicht nur die Kanzlerin übt ihre Neujahrsansprache ein, bevor sie zu

82 Millionen Menschen spricht. Jeder, der ein Team leitet, und wenn es auch »nur« drei oder vier Leute sind, hat die Pflicht, sich gewissenhaft vorzubereiten, so dass seine Botschaft auch bestmöglich ankommt. Nicht nur, weil diese Einstellung von mangelnder Wertschätzung für die Mannschaft zeugt. Schon ein einziges unbedachtes Wort kann die Stimmung kippen lassen.

Jede Nuance zählt

Im November 2015 wurde das Länderspiel Deutschland gegen die Niederlande kurz vor dem Anpfiff abgesagt, weil der Verdacht auf einen bevorstehenden Terroranschlag bestand. Natürlich wollten die Menschen Genaueres über die Hintergründe wissen; Innenminister Thomas de Maizière sagte noch am selben Abend auf einer Pressekonferenz: »Ein Teil der Antworten würde die Bevölkerung verunsichern.« Indem er andeutete, dass es weitere Bedrohungen gab, und gleichzeitig mit weiteren Informationen hinterm Berg hielt, schuf er Platz für Spekulationen. In der aufgeheizten Atmosphäre war das genau das Gegenteil von dem, was er auf der Pressekonferenz erreichen wollte. Er hat für seinen Ausrutscher viel Prügel einstecken müssen.

Für seinen Ausrutscher musste er Prügel einstecken.

Wie konnte diesem erfahrenen Politiker so ein Lapsus passieren? Wie sich später herausstellte, stand de Maizière zum Zeitpunkt der Pressekonferenz immer noch unter enormem Druck. Die Gefahr im Fußballstadion war zwar gebannt, die Polizei befürchtete aber immer noch einen Anschlag im Hauptbahnhof von Hannover.

Niemand wusste, ob die Gefahrensituation schon überstanden war.

Man darf nicht vergessen, dass es auch für den Menschen auf der Rednertribüne ein sehr emotionaler Moment ist, wenn er vor großem Publikum eine Rede hält, die Weichen stellen soll. Alle schauen auf ihn, und im Eifer des Gefechtes rutscht ihm etwas heraus, was gar nicht auf dem Zettel steht. Ich habe das einmal sehr eindrücklich erlebt, als ein Unternehmen, das seit weit über hundert Jahren in Familienbesitz gewesen war, verkauft wurde. Als Interims-CEO war ein smarter, relativ junger Typ verpflichtet worden, mit Power und Köpfchen; jedem in der Führungsebene war klar, dass er den Laden erfolgreich in ein neues Fahrwasser bringen konnte. Zum Einstand hielt er vor versammelter Mannschaft eine flammende Rede über die Neuausrichtung des Geschäfts. Er geriet immer mehr in Fahrt und schaffte es, die Stimmung im Saal zu drehen; die Mitarbeiter, die mit der Sorge gekommen waren, ihren Arbeitsplatz zu verlieren, begannen zu ahnen, dass die Zukunft auch Chancen für sie bereithalten könnte. Und dann machte der CEO einen Riesenfehler. Er sagte: »Die Welt verändert sich, das Unternehmen muss sich verändern, und auch jeder Einzelne muss sich verändern – sonst werden wir morgen nicht mehr da sein.«

Da war er, der Nebensatz, der seine kunstvolle Rhetorik zunichtemachte: »... sonst werden wir morgen nicht mehr da sein.« Auch wenn es gar nicht so gemeint war, bezogen die Mitarbeiter das auf sich persönlich, für sie war das wie ein Weltuntergang mit Datumsansage. Schlagartig kippte die Stimmung im Saal, auf einmal war da nur noch die Angst.

Bedrohungsszenarien zu entwerfen ist nie eine gute Idee. Eine positive Einstellung bringt jeden Stamm weiter voran als eine ängstliche Grundstimmung, in der jeder nur auf den Blitzeinschlag wartet. Auch der damalige Trainer der Würzburger Kickers, Bernd Hollerbach, wusste das. Nach Jahren in der Versenkung hat er mit dem Verein innerhalb von nur zwei Jahren einen Durchmarsch hingelegt und seine Mannschaft von der Regionalliga bis in die obere Hälfte der zweiten Liga geführt. Eine unglaubliche Leistung! Immer wieder wurde er gefragt, ob er nicht Angst hat, dass der Höhenflug mal böse endet. Hollerbach gab jedes Mal sinngemäß dieselbe Antwort: »Ich denke immer an die Chance, nicht ans Scheitern.« Mit dieser positiven Haltung schaffte er die Voraussetzung dafür, dass der Spirit in seiner Mannschaft auch während der größten Krise nicht verlorenging. Am Ende schafften die Würzburger Kickers zwar nicht den Klassenerhalt, nach der furiosen ersten Spielrunde gewannen sie in der Rückrunde kein einziges Spiel mehr und mussten zurück in die dritte Liga. Ein guter Spirit ist keine Garantie für das Gelingen, aber ohne Spirit kann man es direkt vergessen.

> »Ich denke an die Chance, nicht ans Scheitern.«

Gesagt ist gesagt

Wenn einem im Eifer des Gefechtes das falsche Wort entschlüpft ist, macht keine Kraft der Welt das wieder ungeschehen. Wie schnell das gehen kann, habe ich schon oft selbst erfahren. Auf einer Konferenz fragte mich einmal eine junge Frau aus dem Auditorium nach einem Vortrag, was ich davon hielte, dass ihr Chef ihre Pausenzeiten mit Argusaugen überwacht. Ich antwortete, dass ein Häuptling Wichtigeres zu tun haben sollte, als seinen Mitarbeitern hinterher zu schnüffeln, ob sie sich fünf Minuten zu lang in der Kaffeeküche unterhalten. Am Schluss meiner Antwort sagte ich etwas knackig: »Ein Chef, der sich für Pausen interessiert, sollte entlassen werden.« Aus dem Zusammenhang gerissen kann man diese Aussage natürlich auch ganz anders interpretieren: Chefs sollen keine Pausen machen. Der aus dem Zusammenhang gerissene Satz landete auf Twitter. Das ist der Nachteil an diesem Medium: 140 Zeichen sind perfekt, um etwas gestrafft auf den Punkt zu bringen, doch für Zwischentöne findet sich wenig Raum.

Manchmal verbreiten sich solche Missverständnisse versehentlich wie mit der Stillen Post, manchmal ist es auch der gezielte Versuch eines Gegners oder Neiders, Unruhe zu stiften. Ob so oder so – man kann nur Schadensbegrenzung betreiben und immer wieder wiederholen: »Hab ich so nicht gesagt«, oder: »Hab ich so nicht gemeint.« Als ich merkte, wohin der Hase lief, habe ich hinterher getwittert um sicherzustellen, dass zumindest diejenigen, deren Wertschätzung mir wichtig ist, den Hintergrund dieses Statements erfahren.

Dann kann man nur noch den Schaden begrenzen.

Seit jeder mit seinem Smartphone Tonaufnahmen in bester Qualität aufzeichnen und verbreiten kann, zeigen Häuptlinge nur noch sehr ungern Kante. Zu groß ist die Gefahr, dass sie die Steilvorlage für einen Shitstorm bieten. Das ist verständlich, aber deshalb geraten Interviews mit öffentlichen Personen meist eher langweilig. Man kann die Sache auch positiv sehen: Wer heute selbstbewusst klare Aussagen macht, die für Zündstoff sorgen, kann auf die ungeteilte Aufmerksamkeit seiner Zuhörer bauen. In jedem Fall heißt es vor einer wegweisenden Rede: üben, üben, üben – und gleichzeitig: authentisch bleiben.

Eigensinnige und Besserwisser

»Ich bin nicht du, ich rede anders.« Mein kleiner Sohn Josh war richtig sauer – das hörte man schon an seiner Lautstärke. Wir übten sein Referat über Spanien, er trug vor und ich wollte ihn verbessern. Er hatte Recht. Inhaltlich hatte ich nichts zu meckern, ich hätte es nur anders vorgetragen. Wie ich eben. Aber er war er. Und er wollte so bleiben wie er ist. Dieser Eigensinn ist völlig in Ordnung. Echt sein ist das oberste Gebot, nur dann wird eine Ansprache glaubwürdig und gut. Erstaunlich, dass mich mein neunjähriger Junior daran erinnern musste, aber manchmal ist man selbst im Tunnel.

Echt sein ist das oberste Gebot.

Medien-Training ist ein wichtiger Teil meines Jobs als PR-Berater. Ich gebe meinem Gegenüber Feedback, wie er eine noch bessere Performance bietet, ohne ihn bis zur Unkenntlichkeit ummodeln zu wollen. Verpacken und Verkaufen muss nah an der Wahrheit bleiben, niemand will eine Mogelpackung haben. Auf solchen Missionen habe ich gern einen weiblichen Berater mit dabei, denn Frauen haben oft ein besonders gutes Gespür dafür, wie eine Botschaft bei Mann/Frau, alt/jung ankommen wird. Als Sparringspartner optimieren wir mit jeder Menge Empathie und Bauchgefühl Rede und Auftritt des Kunden. Wo steht der Häuptling? Wo seine Stammesmitglieder? Gemeinsam mit dem Kunden trainieren wir die Rede, schreiben sie um, bis wir glauben, dass die Brücke zur Basis steht.

Einmal wurde ich von einem Berufsverband angefragt. Der Daseinszweck von solchen Organisationen ist es ja, Reputation und Umsatz seiner Mitglieder, in diesem Fall aus dem Bereich des Handwerks, zu mehren. Der Verband war durch Fehlentscheidungen in der Vergangenheit angeschlagen, die Mitgliederzahlen waren rückläufig, damit brach ihm auch die finanzielle Ausstattung weg. So etwas entwickelt sich schnell zu einer Abwärtsspirale, die nicht mehr aufzuhalten ist. Der von den Verbandsmitgliedern gewählte Vorstandsvorsitzende machte das einzig Richtige: Er wollte die Reißleine ziehen und den Verband neu aufstellen. Dies würde auch ein finanzieller Kraftakt werden, deshalb plante er, auf der kommenden Hauptversammlung die Verbandsmitglieder von seinen Plänen in Kenntnis zu setzen.

Sein Vize rief in der PR-Agentur an, für die ich damals arbeitete, und bat um Unterstützung. Er zweifelte daran, dass sein Oberhäuptling bei den Verbandsmitgliedern gut ankommen würde. Völlig zu Recht, wie ich schnell feststellte, denn der Chef war sehr selbstherrlich und kommunizierte entsprechend. Wir hatten vor, gemeinsam **»Rede einüben? Nee, brauch ich nicht.«** mit ihm einzuüben, wie er eine Brücke zum Publikum schlägt, aber auch, dass der Vize, der sich im Gegensatz zu seinem Chef in Hemdsärmeln wohler als im Maßanzug fühlte, einen Teil der Botschaft übernehmen sollte. Bei relevanten Ansprachen empfiehlt es sich meistens, 167 die Rollen zu verteilen. Es gibt keinen Grund, eine Ein-Personen-Show abzuziehen, selbst ein Vorstandsvorsitzender ist immer noch ein Teil eines Gremiums. Der positive Effekt ist, dass die Zuhörer sofort merken, dass da nicht ein einzelner steht, der allen anderen seinen Willen aufdrücken will, sondern dass ein Führungsteam gemeinsam zum Schluss gekommen ist, was für das Unternehmen am besten ist.

Nach den ersten Gesprächen mit dem Vorsitzenden des Berufsverbandes wurde die PR-Agentur jedoch wieder aus dem Spiel genommen. Denn der Vorsitzende meinte, keinen Rat zu brauchen: »Ich soll die Rede einüben? Nee, brauch ich nicht!« Über Umwege hörte ich davon, wie die Mono-Rede des Vorstandsvorsitzenden aufgenommen worden war (schlecht) und was das für ihn für Folgen hatte (er wurde abgewählt und war weg vom Fenster). Er hatte an denjenigen, deren Interessen er vertreten sollte, vorbeiregiert und die Quittung dafür bekommen.

Stärker als jedes Gewehr

Ob Oberboss oder mittleres Management: Als Häuptling schwebst du nicht irgendwo über den Wassern, sondern bist immer Teil des Ganzen. Dein Ziel ist es, dein Team so weit wie möglich in Entscheidungen mit einzubinden, Mehrheiten zu finden, konsensorientiert zu handeln. Die Apachen haben vorgelebt, wie das geht. Der Stamm schenkte sein Vertrauen demjenigen, der über genügend Erfahrung und Integrationskraft verfügte, ihn zu sicheren Jagdgründen zu führen. Die

Häuptlingswürde wurde nicht auf Lebenszeit verliehen, geschweige denn vererbt. Tag für Tag stellte der Häuptling seine Führungsqualitäten aufs Neue unter Beweis, vor allem indem er beredt zwischen Mehr- und Minderheiten vermittelte. Er sorgte für Lösungen, mit denen die Mehrzahl der Stammesmitglieder gut leben konnte, denn andauernde Konflikte und Spannungen wären lebensgefährlich gewesen. Sein Job war ihm eine Verpflichtung, keine Vergünstigung. An einer Bodenständigkeit ließ er keinen Zweifel: »Ich gehöre zu Euch, wir haben gemeinsame Ziele.«

»Ich gehöre zu Euch, wir haben gemeinsame Ziele.«

Waren die Stammesmitglieder mit ihrem Häuptling nicht mehr einverstanden, ließen sie ihn einfach links liegen und folgten einem anderen aus ihrem Kreis. Waren nur einzelne Familien unzufrieden, gingen sie davon und schlossen sich einer anderen Gruppe an, von der sie meinten, dass sie es bei ihr besser haben und keinen Hunger leiden würden.

Ich staune immer wieder, wie modern diese Führungsstruktur war: schlanke Hierarchien, wechselnde Führer, Konsensorientierung ... was Unternehmen heute mühsam umsetzen, war vor zweihundert Jahren bei den Stämmen Nordamerikas völlig normal. Und auch ihre Redekultur war weit entwickelt. Karl May nahm in seinen Geschichten darauf Bezug: Klekih-petra, der weise Schulmeister, lehrte Winnetou und seinen Stamm, dass es eine viel stärkere Waffe als die Silberbüchse gibt: die Kraft der wohlgesetzten Worte, von Mann zu Mann und mit angemessener Haltung vorgetragen.

Howgh.

KAPITEL 9
DER GRIFF NACH DER FEDERHAUBE

*Niemand kommt als Stammesführer auf die Welt,
Häuptling zu sein ist ein lebenslanger Lernprozess.
Bevor einer in Privatleben und Beruf seinen Stamm
uneigennützig in die Zukunft führen kann, muss
er Häuptling in seinem persönlichen Kosmos sein.
Selbstbestimmt sorgt er für das Wohl seiner Leute
und kümmert sich als Brückenbauer darum, dass
sie einander wertschätzen und die Gemeinschaft
genießen.*

Wenn meine Mutter die alten vergilbten Fotoalben
hervorholt, schlägt sie immer wieder eine bestimmte
Seite auf. Das Foto darauf ist schwarzweiß – und für
mich trotzdem voller Farbe. Da stehe ich, sieben Jahre
alt und in vollem Indianer-Ornat. Der stolzeste kleine
Junge, den es auf der Welt geben konnte.
Ende der 60er Jahre, wir lebten damals noch in Brasilien, machte mein Vater seinen langgehegten Traum
wahr und unternahm eine abenteuerliche Reise in
das Mato Grosso. Wochenlang war er mit einem Ex-
peditionstrupp unterwegs, zu dem erfahrene Guides
gehörten, die die Sprache der Indianer sprachen. Das
war lange bevor die Transamazonica mitten durch diese
heute noch sehr dünn besiedelte Gegend gebaut wurde.
Das Land war so unberührt wie der Wilde Westen vor
dem Bau der Eisenbahn. Mit doppelläufiger Flinte, Re-
volver und Tauschwaren zog er los und bahnte sich sei-

nen Weg durch die Wildnis. Tagelang hörten wir nichts
von ihm, nur manchmal konnte er von einer einsamen
Poststation ein Lebenszeichen senden. Tiefbraun und
mit Bart kam mein Vater von seiner mehr-
wöchigen Tour wieder, er sah aus wie ein
Westmann. In seinem Gepäck brachte er
unvergessliche Eindrücke mit nach Hause

> Eine Federhaube
> macht noch keinen
> Häuptling.

– und für jeden von uns Kindern Pfeil und Bogen und
auch echte Indianerkleidung. Der Kopfschmuck, den
ich auf besagtem Foto trage, stammt also nicht aus dem
Karnevalsladen, sondern war von Mato-Grosso-Indi-
anern in mühevoller Arbeit handgefertigt. In diesem
Outfit träumte ich nicht nur davon, Winnetou zu sein,
ich *war* es.

Doch eine Federhaube macht noch keinen Häuptling.
Verantwortung für sich und andere kann nur derjenige
übernehmen, der einen Platz im Leben einnimmt, der
zu ihm passt. Dazu musst du erst einmal wissen, wer
du bist.

Auf Schlingerkurs

Ohne Onkel Hans wäre ich wohl nie im Leben dort
angekommen, wo ich heute bin. Mein Vater sah mich
als Lehrer in bester Behrendt-Tradition. Meine Mutter, ebenfalls Lehrerin, sah mich eher als Diplomat.
Reden schwingen und Brücken zwischen Menschen
schlagen konnte ich auch schon als Jugendlicher gut.
Irgendwann stand sogar im Raum, dass ich »erst mal
was Vernünftiges«, also eine Banklehre machen sollte.
Ich selber irrlichterte ohne klaren Plan herum und hatte

die wenigste Ahnung von allen, was aus mir mal werden könnte. Am liebsten wäre ich »Winnetou, Häuptling der Apachen« geworden, aber sogar mir war klar, dass das kein gültiges Berufsbild ist. Also mäanderte ich gegen Ende der Sekundarstufe I zwischen verschiedenen Lebensentwürfen hin und her: Mal sah ich mich als Sportreporter oder Sportmanager, mal als Schauspieler. In welche Richtung sich meine Persönlichkeit entwickeln würde, konnte ich damals noch nicht erkennen, geschweige denn in Worte fassen.

Da trat Onkel Hans auf den Plan. Er verkaufte Röntgengeräte und war als Top-Manager in der ganzen Welt unterwegs. Ende der 70er Jahre war das ein sehr lukratives Geschäft und er führte ein für Otterndorfer Verhältnisse äußerst luxuriöses Leben. Wenn er von seinen Verkaufsabschlüssen erzählte, hing ich an seinen Lippen, und dass er in Hotels oft in eine Suite upgegradet wurde, beeindruckte mich schwer. Er brachte uns auf eine ganz neue Fährte, die wir mangels Berührungspunkten bis dahin nicht auf dem Schirm gehabt hatten. Onkel Hans sagte: »Der Junge muss doch in die Wirtschaft!«

»Der Junge muss doch in die Wirtschaft!«

Seine Einschätzung hatte einen guten Grund. Als Schüler kaufte ich ganze Stapel Schulhefte günstig im Cuxhavener Kaufhaus ein. Ich wusste ja, dass jedes Mal zu Beginn eines Schuljahres ein paar Kinder vergessen hatten, rechtzeitig für Nachschub zu sorgen. Und auch zwischendurch gab es immer wieder Bedarf. Bei mir bekamen alle Schulkameraden die Hefte vor Ort zum Notfallpreis. Meine Marge: 100 Prozent. Selbst vor meiner Familie machte meine Geschäftstüchtigkeit nicht Halt: Als einziger von uns drei Geschwistern besaß ich einen Kassettenrekorder, Marke Universum. Mein Bruder organisierte aus schrottreifen Geräten Lautsprecher und verlegte Leitungen, so dass wir mit dem Rekorder alle drei Kinderzimmer beschallen konnten. Das war die Geburtsstunde des AZR, des Allgemeinen Zimmerrundfunks; Eigentümer und Geschäftsführer: Ulf und Frank Behrendt. Auf Kassette schnitt ich den Ton von Winnetou-Filmen aus dem Fernsehen mit, mein Bruder sorgte für die Übertragungstechnik. Das war viel Arbeit, deshalb fanden wir es nur gerecht, dass meine Schwester 20 Pfennig bezahlen musste, wenn sie später zum Mithören ans Netz angeschlossen werden wollte. Mein Vater fand das indiskutabel. »In der Familie werden keine Geschäfte gemacht«, tobte er. Um ihm entgegenzukommen, nahm ich für meine Schwester »Sissi – Die junge Kaiserin« ins Programm auf, und Ulf und ich übertrugen den AZR ein paar Mal kostenlos, sozusagen Charity-mäßig, in das Zimmer meiner Schwester. Auch wenn meine Mutter mich manchmal als »Koof-mich« titulierte, fand ich mein Faible für Deals völlig in Ordnung. Meine Kunden waren schließlich genauso happy wie ich.

Onkel Hans hatte also den richtigen Riecher gehabt. Ich wechselte nach der 10. Klasse auf das Wirtschaftsgymnasium. Aber in festen Bahnen verlief mein Leben noch lange nicht. Nach Abi und einem Gastspiel beim Bund bewarb ich mich an der Journalistenschule in München. Der einzige Grund dafür war, dass ich immer schon gerne kleine Geschichten geschrieben hatte, so wie es viele andere Jugendliche auch tun. Aber ich hatte keinen Schimmer, was in der Ausbildung auf mich zukommen würde, ich hatte noch nicht **173** einmal große Lust, Journalist zu werden. Als einer von 15 aus dreitausend Bewerbern wurde ich angenommen – und stellte fest, dass es einigen anderen in meinem Jahrgang genauso ging: Wir wussten einfach nicht, was wir mit uns anfangen sollten. Aber ich konnte gut schreiben, und ein gutes Gedächtnis für Fakten hatte ich auch. So kam ich als Jungredakteur zu Dornier und dann zu Henkel. Als ich zu Stein Promotion wechselte, hatte ich keine Ahnung, was Promotion überhaupt ist. Meine Eltern auch nicht. Sie dachten, das hätte was mit Sport zu tun. Ich musste ihnen erst erklären, dass ich nicht Boxer promote, sondern Orangensaft. Ich textete nun also nicht mehr, ich verkaufte. Ich hatte ein Händchen dafür, Menschen zusammenzubringen und Deals einzufädeln, egal, in welcher Branche. Waschmittel oder Hörspiele – Verhaltensmuster von Käufern und Verkäufern sind im Wesentlichen überall dieselben.

> **Wir wussten nicht, was wir mit uns anfangen sollten.**

So mancher Zufall hat meinem beruflichen Weg eine neue Richtung gegeben. Und doch gab es immer einen gemeinsamen Nenner: mich. Je mehr Erfahrungen ich sammelte, desto mehr lernte ich mich kennen. Und je besser ich wusste, was ich gut kann und was ich weniger gut kann, desto zufriedener wurde ich. Ich fühlte mich bei mir zu Hause. Doch nie kam ich an den Punkt, an dem ich mir sagte: »So, das war's. Ich bin angekommen.« 2016 geriet ich durch Zufall mit meinen 10 Thesen, die zuerst in den sozialen Netzwerken für Furore sorgten, dann als Buch »Liebe dein Leben und nicht deinen Job« herauskamen, in ein ganz neues Fahrwasser. Das Buch wurde zum Bestseller, immer häufiger war ich in Sachen

Inspirieren und Begeistern unterwegs. Diese Facetten meiner Persönlichkeit waren von Anfang an mit dabei gewesen, aber nun übernahmen sie eine tragende Rolle in meinem beruflichen Leben. Dieser neue Impuls macht mich richtig happy. Aber die Endstation ist das hoffentlich noch nicht.

Ein disruptiver Lebenslauf? Nein, im Nachhinein gesehen baut alles logisch aufeinander auf. Genau genommen ist ein Lebenslauf *immer* stimmig. Denn er ist *dein* Lebenslauf, der rote Faden bist du selbst. In den seltensten Fällen verläuft ein Lebensweg pfeilgerade. Manchen scheint schon als Kind vorherbestimmt zu sein, was aus

> Der rote Faden bist du selbst.

ihnen einmal wird. Ihre Fähigkeiten sind viel klarer umrissen, als sie es bei mir waren, und führen diese Menschen geradezu zwangsläufig auf einen bestimmten Weg. Doch auch bei ihnen ist mit Überraschungen zu rechnen. Mein Bruder Ulf ist ein Paradebeispiel dafür.

Einmal Oper und zurück

Meine Eltern traf fast der Schlag, als Ulf eines Morgens mit einem gemieteten Transporter und Sack und Pack vor dem Blauen Haus in Otterndorf auftauchte. Sie wähnten ihn in Siegen beim Elektrotechnik-Studium. Das war der für ihn vorgezeichnete Weg. Schon als Teenager zerlegte er aus reinem Spaß an der Sache unsere Waschmaschine und baute sie funktionsfähig wieder zusammen. Es war im Familien-, Freundes- und Bekanntenkreis völlig klar, dass er einmal bei der NASA Raumstationen konstruieren würde. Und nun hatte er sein Studium geschmissen und auf einmal ganz andere Pläne: Er wollte Opernsänger werden!

Alle fassten sich an den Kopf: Was sollte *das* denn! Meine Eltern versuchten, ihn umzustimmen, doch selbst die stichhaltigen Argumente unseres Vaters konnten Ulfs Entschluss nicht ins Wanken bringen. Da akzeptierten sie gelassen seinen neuen Weg. Ein Jahr lang bereitete sich Ulf auf die Aufnahmeprüfung am Hamburger Konservatorium vor – das war die Zeit, in der er sich in unseren ehemaligen Kinderzimmern die schallisolierten Übezellen baute. Weil Ulf Talent hat und ein Kämpfer ist, schaffte er die Aufnahmeprüfung mit Glanz und Gloria. Ein Wahnsinns-Haken, den er da geschlagen hat!

> Auf einmal stand er mit Sack und Pack vor der Tür.

Es war nicht sein letzter. Mit der Karriere als Opernsänger wurde es dann doch nichts, eine weitere Kehrtwende führte ihn als Einkaufslogistiker zu einem europäischen Flugzeugbauer. Mit seiner genialen technischen Begabung ist er für seinen Arbeitgeber Gold wert. Die Leidenschaft für die Musik lebt er weiter. Er komponiert eigene Stücke, singt, spielt begnadet Gitarre und Klavier und tritt mit Orchestern auf. Technik und Musik – die Mosaiksteine scheinen nicht zusammenzupassen, und doch ergibt sich am Ende ein stimmiges Bild.

Zwei Brüder – zwei ganz unterschiedliche Lebenswege. Meiner ist geprägt von ständigem Nachjustieren. Immer wieder wagte ich einen Sprung ins Unbekannte, allerdings in dem Wissen, dass die ungefähre Richtung stimmt. Nie hat sich für mich eine berufliche Station als totaler Irrweg erwiesen. Ulf hatte seine Hand dagegen deutlich ruhiger am Steuer, *wenn* er aber mal einen Richtungswechsel machte, dann war es eine echte Wende – und trotzdem war es immer noch *sein* Boot. Wir beide haben uns nie verirrt, weil wir immer wieder ein Personalgespräch mit uns selber geführt haben: Wo soll die Reise hingehen? Was will ich in meinem privaten Kosmos erreichen? Was ist mir wichtig? Erst dann, wenn die grobe Richtung bekannt ist, kommt die Frage: Welcher Job passt zu meinen Vorstellungen vom Leben? Dies ist die Reihenfolge, die dich glücklich macht: Erst dein Leben planen, dann deinen Job. Willst du eine Familie gründen, verbietet sich in den meisten Fällen ein Job, für den du 200 Tage im Jahr unterwegs bist. Wenn du aber etwas von der Welt sehen möchtest, wirst du mit einem Nine-to-five-Bürojob auf Dauer nicht glücklich werden. Anderes Beispiel: Willst du im Beruf ein berühmter Oberhäuptling werden, dann häng dich rein und übernimm bei jeder sich bietenden Gelegenheit Führungsverantwortung. Dient dir dagegen dein Job dazu, die finanziellen Mittel für dein Privatleben zu verdienen, dann such dir eine ruhige Ecke, mach gute Arbeit und genieße dein Leben.

Erst dein Leben planen, dann deinen Job.

Diese Entscheidungen triffst du nicht nur, wenn du mit der Schule fertig bist. Sondern in regelmäßigen Abständen; sie sind das Dauerkorrektiv auf deinem Weg durchs Leben. Die Welt um dich herum ändert sich, das können griesgrämige neue Kollegen sein oder der Bau einer Durchgangsstraße durch dein Wohngebiet. Die Frage ist dieselbe: Bleibst du oder gehst du? Und auch du selber erfindest dich immer wieder neu. Ein Weltenbummler kann sesshaft werden und andersherum. Der Abgleich deiner Ziele mit dem »Wo stehe ich gerade?« lässt dich erkennen, ob der Status quo in Ordnung ist, oder ob du dich besser auf die Suche nach etwas anderem machst. Offen für Neues machst du dich auf die Suche nach Erfüllung.

Meine Mutter sagte, wenn einer von uns Brüdern mal wieder einen fliegenden Wechsel hingelegt hatte: »Hauptsache, du bist glücklich.« Damit hatte sie den Nagel wie immer genau auf den Kopf getroffen.

Gute Luft für alle

»Ihr habt zu viele Häuptlinge und zu wenig Indianer.« Diesen Satz sprach einst der erfahrene Finanzchef der Agenturholding aus, in der ich damals tätig war. Er malte eine Pyramide auf ein Blatt Papier, die auf dem Kopf stand. Eine große Anzahl Geschäftsführer, Prokuristen, Bereichs- und Abteilungsleiter, aber eine vergleichsweise überschaubare Anzahl von Mitarbeitern. Wenn man den Häuptling als hierarchisch eingruppierbare Führungskraft definiert, darf es in der Tat nicht zu viele Häuptlinge geben. In meiner Definition ist ein Häuptling aber vor allem jemand, der in seinem eigenen Leben für Ordnung gesorgt hat und für sich selbst die richtigen Entscheidungen trifft. Von ihnen kann es gar nicht genug geben. Jeder ist sein eigener Häuptling – der kleinstmögliche Stamm bist du selbst.

Wie kann einer den Griff nach der Federhaube wagen, wenn er mit sich selber nicht klar kommt? Nur wer ein selbstbestimmtes Leben führt, verfügt über die Freiheit, Verantwortung auch für andere zu übernehmen und gute Entscheidungen für seinen Stamm zu treffen – im Beruf und im Privatleben.

Meine Eltern entschieden Anfang der Siebzigerjahre, dass wir aus der Millionenmetropole Rio de Janeiro nach Otterndorf ziehen. Wir Kinder meuterten, nicht nur wegen des Wetters, das uns dort erwartete. Wir fühlten uns wohl in Rio, hier waren unsere Freunde. Von Deutschland hatten wir kaum eine Vorstellung. Aber meine Eltern hatten es sich als Doppelspitze ihres kleinen Stammes sehr gut überlegt. Sie waren überzeugt, dass der Zeitpunkt für eine Veränderung gekommen und der Umzug für die Familie das Beste war.

In Rio konnten wir Kinder nirgendwo zu Fuß hinlaufen und meine Mutter war den ganzen Tag lang damit beschäftigt, uns zur Schule, zum Sport, zu Freunden zu fahren. Wir wurden nicht etwa herumkutschiert, weil wir verwöhnt waren, sondern weil es definitiv anders nicht möglich gewesen wäre. Die Entfernungen waren viel zu groß und nicht überall waren die Straßen sicher. Also unterhielt meine Mutter einen Familien-Shuttle-Service, dauernd standen wir in der Hitze in irgendeinem Stau. Otterndorf war eine andere Welt. Hier durften wir in einer Freiheit aufwachsen, die wir in keiner Großstadt der Welt gehabt hätten. Wir liefen aus dem Haus und standen nach wenigen Schritten schon bei unseren Freunden vor der Tür. Wir brauchten keine Millionenmetropole, Sandkiste und Platz zum Kicken reichten völlig aus, um glücklich zu sein. Aber den Strand und das warme Meer haben wir trotzdem vermisst.

Meine Eltern mussten größere Abstriche machen. Hätte es uns Kinder nicht gegeben, wären sie wohl nach Hamburg gezogen; etwas weniger Provinz und etwas mehr Großstadt hätte es für sie schon sein dürfen. Dafür waren die Otterndorfer Grundstückspreise günstig und sie konnten es sich leisten, ein Haus zu bauen. In Hamburg wäre das nicht drin gewesen. Meine Eltern haben es richtig gemacht: Jeder einzelne von uns hat ein wenig gewonnen und ein wenig verloren, doch unterm Strich kam ein positiver Wert heraus. Als Familie ging es uns in Otterndorf besser als in Rio oder Hamburg.

Wenn Entscheidungen getroffen werden, gibt es nicht »die Gewinner« und »die Verlierer«, alle Beteiligten müssen Konzessionen machen. Das ist immer so. Stammesführer haben die Gesamt-Gemengelage im Blick und suchen nach Lösungen, die für die Gemeinschaft am besten sind. Genau das bedeutet: Verantwortung tragen. Ist dagegen jemandem daran gelegen, für einzelne Stammesgenossen oder gar für sich selber Vorteile auf Kosten des Stammes herauszuholen, ist das im Beruf und im Privaten eine Katastrophe – auch wenn die Konsequenzen vielleicht nicht ganz so erbarmungslos sind, wie Old Shatterhand sie für die roten Stammesbrüder beschreibt:

>*»Hat sich einer als feig im Kampf oder als unfähig erwiesen, sich selbst zu beherrschen und die Rücksicht auf die Gesamtheit über seine persönlichen Regungen zu stellen, so verfällt er der allgemeinen Verachtung. Kein anderer Stamm, selbst kein feindlicher, nimmt ihn auf.«*

Die folgende Geschichte erzählt davon, wie ein Häuptling seinen Stamm im Blick hatte und nicht die eigenen Interessen.

Eine einzige Adlerfeder genügt

In der Agentur, die ich leitete, sollte ein Teamleiter, Stefan, ein neues Geschäftsfeld entwickeln. Die Projekte liefen sehr gut an, doch kurz vor Jahresende gab es einen schlimmen Rückschlag: Stefan hatte viel Arbeit aufgewendet, um mit einem großen Kunden ein Livemarketing-Format zu entwickeln. Unter dem Vorbehalt, dass die Agentur für die Finanzierung des Formats Sponsoren mit ins Boot holen würde, kam ein Deal zustande. Doch Stefan hatte sich verkalkuliert, er fand nicht genügend Partner und das Geschäft platzte. Der geplante Profit fiel aus und die Jahresplanung der Agentur hatte auf einmal ein Riesenloch. So etwas kann passieren, doch Stefans Fehleinschätzung hatte für ihn und sein Team noch einen weiteren unangenehmen Nebeneffekt: Die Abteilung verfehlte das vom Vorstand vorgegebene Jahresziel. Zwar nur um eine verhältnismäßig geringe Summe, aber knapp daneben ist auch vorbei. Und das nur, weil Stefan sich verzockt hatte. Dass er seiner Truppe noch kurz zuvor mitgeteilt hatte, dass ihr Jahresbonus sicher im Sack sei, machte die Sache noch schlimmer.

Kurz nach der Stornierung des Deals stand Stefan in meiner Bürotür: »Frank, ich muss mal mit dir sprechen.« Als wir uns ungestört gegenübersaßen, rückte er mit der Sprache heraus. »Dass ich den Bonus nicht bekomme, ist nur gerecht«, sagte er, »denn ich war es, der es vermasselt hat. Doch meine Mannschaft hat das ganze Jahr über gut gearbeitet, sie kann nichts dafür, dass unser Ergebnis hinter den Erwartungen zurückbleibt. Lass es uns so machen: Wir verraten nicht, dass wir das Ziel nicht erreicht haben. Ich zahle meinen Leuten den Bonus aus meiner eigenen Tasche.«

Woanders soll es ja vorkommen, dass eine Führungskraft Projekte oder sogar ganze Abteilungen gegen die Wand fährt, ohne dass er oder sie dafür geradestehen muss.

> »Ich habe es vermasselt! Ich habe den Bonus nicht verdient!«

Die Mitarbeiter müssen die Fehlleistung durch Mehrarbeit oder sogar in Form von Stellenabbau ausbaden. Hier aber stand ein echter Häuptling vor mir, der nicht nur seine Leute dazu inspiriert hatte, ihm durch die schwierigen Anfangszeiten eines neuen Geschäftsfeldes zu folgen, sondern sich auch schützend vor sie stellte, als es nicht so wie geplant lief. Vor dieser Haltung habe ich großen Respekt. Am Ende sorgte ich dafür, dass die Agentur eine Hälfte der Boni für die Mitarbeiter bezahlte, die andere Hälfte wurde Stefan von seiner Gratifikation des nächsten Jahres abgezogen.

Für die Art und Weise, wie Stefan agierte, gibt es ein Wort: Anstand. Anstand fasst Werte wie Fairness, Offenheit und Wertschätzung zusammen. Sie sind es, die einen Häuptling auch bei unerfreulichen und unpopulären Entscheidungen menschlich und wertschätzend agieren lassen. Als Agenturleiter musste ich manchmal Kündigungen aussprechen. Das waren für mich keine schönen Tage. Aber nie habe ich mich davor gedrückt, die Entlassung Auge in Auge mit dem Betreffenden fair zu besprechen. Die Tatsache, *dass* jemandem gekündigt wird, ist immer hart. Emotionale Kälte noch oben drauf zu packen, ist unnötig grausam und zeugt von mangelnder Wertschätzung. Es gibt Unternehmen, in denen Entscheidung und Ausführung einer Kündigung voneinander getrennt werden. »Das wird dann von der Personalabteilung exekutiert«, heißt es dann – diese Wortwahl ist unangenehm treffend. Für denjenigen, der seinen Mitarbeiter zum Abschuss freigegeben hat, ist das bequem, er muss sich mit den unangenehmen Folgen seiner Entscheidung nicht befassen. Wer sich hinter der HR-Abteilung seines Unternehmens versteckt, bleibt zwar eine Führungskraft dank seiner hierarchischen Position; Häuptling darf er sich dann allerdings nicht mehr nennen.

> Fairness, Offenheit und Wertschätzung – das ist Anstand.

Einen echten Stammesführer wie Stefan erkennst du auch dann, wenn ihn keine Insignien der Macht umgeben. Kein großes Büro, kein dickes Firmenfahrzeug, keine Assistenten, die ihm den Weg freiräumen. Werte wie Aufrichtigkeit und ein Gefühl für Anstand sind weithin sichtbare Federhauben, die sein Haupt schmücken. Stefan ist heute in der Branche ganz oben an der Spitze, seine Mitarbeiter gehen für ihn durchs Feuer. Für mich ein untrügliches Zeichen dafür, dass echte Häuptlingsqualitäten nicht nur für jeden spürbar sind, sondern sich auch durchsetzen.

Goldnuggets und Silberdollar

Vor kurzem war ich zur Büroeröffnung einer konkurrierenden Agentur im Rheinauhafen in Köln eingeladen.

Normalerweise sind Mitbewerber nicht dabei, wenn eine Agentur zusammen mit ihren guten Kunden eine neue Niederlassung feiert. Die Konkurrenz könnte ja, während sie am Buffettisch die Häppchen des Gastgebers verdrückt, in aller Ruhe die anwesenden Kunden abwerben. Aber meine Mitbewerber wissen sehr gut, dass so etwas nicht mein Stil ist. Konkurrenz schließt Wertschätzung nicht aus, oft bin ich der erste, der anderen Agenturen zu einem gewonnenen Pitch gratuliert. Nicht nur die Wertschätzung für den »Feind«, auch die Wertschätzung für deine eigene Person schließt so ein unmoralisches, unanständiges Handeln aus.

Viele Führungskräfte sprechen gerne von Wertschätzung, das gehört heutzutage einfach dazu. Manche sagen auch: Achtsamkeit. Aber nicht immer wird verstanden, was damit gemeint ist. Frank Weber, ein befreundeter Berater, fragte einmal einen seiner Kunden, ob er seinen Mitarbeitern Wertschätzung entgegenbringen würde. Dieser hatte geantwortet: »Ja, selbstverständlich!« Dann fragte Frank: »Hat Ihr Assistent eigentlich Kinder?« – »Ja, ich glaube, einen Sohn. Ich weiß aber nicht so genau.« – »Und der Werkhallenleiter, was macht der in seiner Freizeit?« – »Keine Ahnung.« So ging es noch ein wenig weiter, dem Unternehmenschef wurde immer unbehaglicher zumute. Schließlich sagte mein Namensvetter: »Schauen Sie, Sie reden hier von Wertschätzung und wissen noch nicht einmal die Basics über die Menschen, die jeden Tag mit Ihnen zusammenarbeiten. Wenn Sie sie wertschätzen würden, sprächen Sie den Menschen Bedeutung zu.« Franks Kunde war sehr betroffen. Er verstand sofort

> **Wertschätzung heißt: den Menschen Bedeutung zusprechen.**

und sorgte umgehend bei sich selber für einen nachhaltigen Veränderungsprozess. Beim nächsten Treffen hatte der Chef seine Hausaufgaben gemacht – er *wollte* ja wertschätzend sein. Als Häuptling konnte er nun zu jedem seiner Stammesmitglieder sagen: »Ich kenne dich und ich interessiere mich für dich!«

Genau dies macht den Unterschied aus zwischen einem Chef, der seine Mitarbeiter als Rädchen im Getriebe sieht, und einem, der sie wertschätzt. Es ist wie bei einer Reihe Dominosteine – der eine reißt den nächsten mit um: Wo Wertschätzung nicht gelebt wird, steht es auch mit dem Interesse am Gegenüber schlecht, ohne Interesse am Menschen kann Vertrauen keine Wurzeln schlagen, und wenn von Vertrauen keine Rede sein kann, geht es mit den Häuptlingen schnell bergab.

Oft sind es Menschen, denen Goldnuggets und Silberdollars den Charakter verdorben haben, die Wertschätzung verlernt haben. Ein guter Bekannter, mit dem ich mich lange Jahre mindestens einmal im Monat bei einem Essen ausgetauscht habe, ist so ein Fall. Mit dem beruflichen Erfolg kam das Geld. Es fing mit Erzählungen darüber an, dass er nun regelmäßig übers Wochenende nach Sylt flog. Schön, wenn sich das jemand leisten kann. Aber bald drehte sich in unseren Gesprächen für ihn alles nur noch ums Geld und auch die letzten Reste an Bescheidenheit gingen flöten. Wenn wir uns trafen, war seine erste Order erst mal eine Flasche Champagner. Dann bekam ich haarklein berichtet, welche Neuzugänge sein Fuhrpark zu verzeichnen hatte und in welchen Schlossanlagen er sich Eigentumswohnungen zugelegt hatte. Es war wie mit einem Daumenkino: Die vielen Momentaufnahmen, die ich mit ihm erlebte, zeigten einen Menschen, der immer weiter abhob – bis er für mich irgendwo im Nichts verschwand. Ich fühlte mich in seiner Gegenwart nicht mehr wohl und unsere Treffen schliefen ein.

Kein Einzelfall – in der Geschäftswelt bin ich immer wieder auf Menschen gestoßen, die zum Beispiel durch den Verkauf des von ihnen aufgebauten Unternehmens reich geworden sind. Auf einmal ist viel Kohle da, aber kein Job mehr. Manche verpassen den Absprung und finden keinen neuen Sinn in ihrem Leben, zum Beispiel indem sie sich sozial engagieren. Dann wird geprasst und verschwendet, weil sie plötzlich nicht mehr wissen, was sie mit sich anfangen sollen. Sie sehnen sich nach Kontakt zu anderen, kreisen aber nur noch um sich selber und merken nicht, dass sie nicht mehr gruppenkompatibel sind. Die Freunde von früher müssen sich launige Sprüche anhören wie: »Wie, Ihr müsst schon gehen? Ach ja, Ihr müsst ja noch arbeiten. Ihr armen Schweine!« Der Genuss am Zusammensein und die Wertschätzung füreinander werden von der Fixierung auf Knete verdrängt. Kein Wunder, dass nach und nach die alten Bekanntschaften wegbröckeln. Der verbleibende Bekanntenkreis mutiert zum Hofstaat.

Auf einmal viel Kohle, aber kein Job mehr.

Fest verwurzelt

Die Entwicklung *kann* so laufen, muss sie aber nicht. Ich habe viele Menschen kennengelernt, die ihre Bodenhaftung nicht verloren haben. Wenn deine Kumpel aus Zeiten, in denen du noch nicht reich und/oder berühmt warst, über dich sagen: »Der hat sich gar nicht verändert«, dann ist das der Ritterschlag. Bruno Labbadia ist einer von denen, die sich treu geblieben sind. Der zweimalige Deutsche Meister, DFB-Pokalsieger und langjährige Bundesliga-Torjäger wurde im April 2017 im Sportschauclub der ARD von Moderator Alexander Bommes interviewt. Es kam heraus, dass Labbadia sich jedes Jahr kurz vor Weihnachten mit seinen alten Fußballkumpels vom SV Weiterstadt trifft. Sie spielen eine Runde Fußball, dann gehen sie zusammen essen. Labbadia wurde immer berühmter, sein Terminplan immer voller, doch das Wiedersehen mit seinen Freunden ist für ihn unantastbar. Seit 30 Jahren haben sie kein einziges Treffen ausfallen lassen!

So ein enger Freundeszirkel ist wertvoller als jede Silbermine. Der Zusammenhalt erdet dich und bewahrt dich davor, die Wertschätzung und damit den Kontakt zu den Menschen, die du gern hast und liebst, zu verlieren. Alles, was ich **Wertvoller als jede Silbermine.** in diesem Buch geschrieben habe, zahlt auf diese Basis ein: Deine Blutsbrüder und -schwestern, deine Familie und deine Mentoren sind deine Stammesmitglieder, Treue und Vertrauen binden euch. Gemeinsam findet ihr mit Empathie, Emotion und Humor einen guten Weg, die Welt ein wenig besser zu machen. Deine Stammesbrüder und -schwestern geben dir Rückhalt für die Kämpfe, die zu bestehen sind. Ganz gleich, ob du dein eigener Ein-Mann-Stamm bist oder Verantwortung für viele Menschen trägst, zeigst du Führungsqualitäten, indem du dir selbst und anderen Wertschätzung entgegenbringst.

All dies lässt sich auf einen Nenner bringen: Als Stammesführer sorgst du dafür, dass die Menschen einer Gruppe miteinander in Verbindung sind. Ein Häuptling ist immer auch Vermittler und Brückenbauer. Denn dies ist es, worum es im Leben geht – oder besser gesagt: was das Leben *ist*: nicht Geld oder Ruhm oder Macht, sondern der ständige Austausch unter Stammesmitgliedern, die miteinander einen Weg finden wollen. Der Wunsch und auch die Notwendigkeit, gemeinsam etwas zu schaffen, sind in uns Menschen seit hunderttausenden von Jahren eingeprägt. Wie tief wir dieses Bedürfnis empfinden, zeigt die Tatsache, dass in ganz besonderen Augenblicken der Brückenschlag auch ohne Vermittlung, wie von Zauberhand funktioniert.

»A lot of love and affection ...«

2006 – ein Jahr vor Einführung des Smartphones – hatten Handys auch im Leben der privaten Nutzer Fuß gefasst. Im August dieses Jahres machte Robbie Williams auf seiner Welttournee auf den Kölner Jahnwiesen Station, und ich stand mit Freunden auf dem Rasen in der Crowd vor der Bühne und durfte Zeuge eines ganz besonderen Moments sein.
Rechtzeitig zum Konzertbeginn hatte der Dauerregen aufgehört. Es folgten gute eineinhalb Stunden bester Unterhaltung durch den Mega-Entertainer Robbie Williams. Die Fans waren happy. Dann begann das letzte Lied des Abends: »Angels«. Eine Hymne, zehntausende Fans sangen mit, einzelne Wunderkerzen und Feuerzeuge wurden geschwenkt. Und auf einmal ging es

wie eine Welle durch die Menge: Die Menschen hielten die leuchtenden Displays ihrer Nokia-, Motorola- und Siemens-Handys in den Kölner Nachthimmel. Auf der Bühne waren große Bildschirme aufgebaut, die zeigten, welches Bild sich von der Bühne aus bot: Das Open-Air-Gelände war erleuchtet von zehntausenden hellen Lichtpunkten, die sich sanft in einem gemeinsamen Rhythmus zur Musik bewegten. Ein nie zuvor gesehener, unglaublicher Anblick! Die Lichtpunkte wurden immer mehr, auch ich – mitten in der Menge stehend – hielt meinen Blackberry hoch. 80.000 Fans zeigten, wie es ist, wenn Menschen sich verbinden.

Die emotionale Wucht dieses Augenblicks.

Robbie stand fassungslos auf der Bühne und rief immer wieder: »Amazing! Amazing!« Und auch ich werde die emotionale Wucht dieses Augenblicks nie vergessen. Das Lichtermeer war das perfekte Bild für die Schönheit und den Frieden, die entstehen, wenn Menschen einander nah sind. So machten wir dem Motto der Tour, »Close Encounter«, alle Ehre. Vier Jahre später machte sich die Nikon-Werbung dieses Bild zunutze, Robbie Williams ließ seine Fans auf Zuruf die Blitzlichter an ihren Handys auslösen.

Doch ohne Drehbuch hatte der Moment im August 2006 etwas ganz Besonderes, Einmaliges – pure Magie und ein Woodstock-Moment, in dem die tiefe Sehnsucht nach Gemeinsamkeit, die in uns allen wohnt, erfüllt wurde.

KAPITEL 10
GLÜCKLICH UND ZUFRIEDEN

Ein Häuptling hat gelernt, dass auch kleine Hölzer das Lagerfeuer nicht ausgehen lassen. Weil er seine eigenen Bedürfnisse klar sieht, weiß er, dass auch wenig sehr viel sein kann, und belastet sich nicht mit Dingen, die nicht zu ihm passen. So findet er Zugang zu den Zwillingsschwestern Zufriedenheit und Dankbarkeit, mit ihnen hält er die Schlüssel zu seinem Glück in der Hand.

»Wir bleiben unzufrieden« heißt das Firmenmotto der 1991 gegründeten Kreativagentur Jung von Matt, die in der Kommunikationsbranche Maßstäbe setzte und immer noch setzt. Wie bei jedem guten Claim weiß jeder sofort, was gemeint ist: Holger Jung, Jean-Remy von Matt und ihre Mitarbeiter sind unermüdlich auf der Suche nach dem noch Besseren. Ich schätze die Agentur sehr, aber in dem legendären Claim schwingt für mich auch etwas Aggressives, Ruheloses mit. Ich persönlich tue mich schwer damit, Unzufriedenheit als positive Eigenschaft zu sehen. Denn wenn das gesamte Leben von einem ewigen »Höher, Schneller, Weiter« überlagert wird, bleibt kein Platz mehr für Lebensfreude.

»Zufriedenheit ist Stillstand und Stillstand ist Rückschritt« ist auch so ein Spruch, der zu Dauer-Höchstleistungen anspornen soll. Ich bin da ganz anderer Meinung: Zufriedenheit ist eines der ganz großen

Lebensziele – mit Faulheit und Versagen hat dieses Gefühl nichts zu tun. Das Missverständnis liegt wohl darin, dass Zufriedenheit manchmal mit Selbstzufriedenheit verwechselt wird – und das ist ja wirklich kein schöner Charakterzug. Dazu kommt, dass oft nur ein Mehr an Geld und materiell messbarem Erfolg als Fortschritt angesehen wird. Aus diesem Grund gibt es so viele Burnout-Kandidaten, die pausen- und freudlos ackern. Doch kostbarer noch als jeder profitable Deal ist die Zunahme an Zufriedenheit und Lebensfreude. König Jigme Singye Wangchuk hat die Erkenntnis, dass Lebensglück mehr wert ist als materieller Wohlstand, bereits 1972 umgesetzt. Seit diesem Jahr ist in Bhutan nicht etwa die Steigerung des Bruttoinlandsprodukts, sondern die Steigerung des Nationalglücks vorrangige Aufgabe des Staates. Dort am Himalaya gibt es einen Glücksminister, der für die Umsetzung dieses Ziels verantwortlich ist. Ich finde diesen Ansatz herausragend und Jigme Singye Wangchuk ist für mich ein ganz großer Häuptling.

Zurück nach Deutschland: Der Handelskonzern REWE hat lange Jahre den Slogan »Jeden Tag ein bisschen besser« propagiert. Das ist ein Motto, das einen Optimierungsanspruch freundlich verpackt. Noch lebensnäher wurde es 2012, als REWE einen neuen Claim für sich entdeckte: »Besser leben«. Nicht nur bei mir persönlich kam diese Botschaft, die den Wunsch eines jeden Menschen ausdrückte, sehr gut an.

> Burnout-Kandidaten, die pausen- und freudlos ackern.

Die Perfektions-Falle

Der Hauptgrund für die Unzufriedenheit vieler Menschen liegt in der Sucht nach Perfektion. Viele bekommen schon als Kind eingeimpft, dass das Ziel ein »Sehr gut« in allen Schulfächern ist. Damit wird alles unterhalb der Bestnote automatisch als Versagen gewertet. Also hocken viele Kinder verängstigt und überfordert am Schreibtisch, statt draußen mit den Freunden Abenteuer zu erleben. Dieser Preis ist zu hoch für eine gewonnene Zehntelnote. Jedes Kind hat Lieblingsfächer, in denen das Lernen wie von allein geht und mit einiger Wahrscheinlichkeit ein »Gut« oder »Sehr gut« im Zeugnis steht. In anderen Fächern, die nicht so interessant sind, reicht ein »Befriedigend«. Man kann diese Note ruhig wörtlich nehmen: Schüler, Lehrer und Eltern dürfen zufrieden sein, die Leistung ist in Ordnung. So bleibt genug Zeit zum Spielen.

Die Frage lautet: Ab wann bringt Energie, die in ein Projekt hineingesteckt wird, zu wenig Ergebnis, um den Einsatz zu rechtfertigen? Es macht mir zum Beispiel nichts aus, streckenweise im Beruf unter hohem Druck zu stehen. Wenn mein Team und ich innerhalb weniger Stunden die zündende Idee für das eingängige Messe-Aktionsmotto eines Kunden finden müssen, das auch als Hashtag optimal im Netz funktioniert, laufe ich zur Höchstform auf. Aber ich habe immer im Blick, dass das Verhältnis von Aufwand zu Ertrag nicht ins Kippen kommt. Natürlich kann man versuchen, alles immer noch besser, noch effizienter zu machen. Doch ab einem bestimmten Punkt wird Perfektion zum Selbstzweck.

> Wenn Perfektion zum Selbstzweck wird.

Eine neue Mitarbeiterin schrieb einmal für einen Kunden eine Pressemitteilung. Ihr direkter Vorgesetzter in der Agentur hätte den Text an einigen Stellen anders geschrieben, das ist ja immer so, aber in Summe fand er den Beitrag völlig in Ordnung. Nun musste die PM noch vom Chefberater abgesegnet werden. Der überflog das Blatt Papier und sagte zum Teamleiter: »Sie haben da ja sicher schon Hand angelegt.« – »Nein, habe ich nicht. Die Kollegin hat das sehr gut gemacht, die Pressemitteilung kann so raus.« Der Chef wollte das nicht durchgehen lassen: »Kümmern Sie sich darum, machen Sie den Wortlaut perfekt!« Doch der Teamleiter blieb standhaft. Er sah keinen Sinn darin, pro forma die Mitteilung noch einmal abzuändern. Am Ende gab der große Zauberer nach, denn er konnte auch nach mehrmaligem Durchlesen keine Stelle benennen, an der sich ein inhaltlicher Fehler eingeschlichen oder die Mitarbeiterin ungeschickt formuliert hätte.

Perfektion ist anstrengend und teuer. Das Pareto-Prinzip lehrt uns, dass sich mit angemessenem Aufwand ein sehr gutes Ergebnis erreichen lässt. Warum soll der Kunde für aufwändige Exceltabellenkosmetik mit zehn verschiedenen Farbschattierungen bezahlen, wenn die Botschaft auch in Schwarzweiß rüberkommt? Wird die Perfektionsschraube über das sinnvolle Maß hinaus angezogen, steigt die aufzuwendende Anstrengung bis ins Unendliche – ein guter Grund, sich auch mit dem Nicht-Perfekten zufrieden zu geben. Ich weiß, dass diese Aussage missverstanden werden kann: »Ach, der Frank Behrendt, der ruft dazu auf, nur noch Mittelmaß zu produzieren.« Deshalb noch mal in aller Deutlichkeit: Es gibt viel Platz zwischen unsinniger Perfektion und Schlampigkeit. Jeder muss für sich persönlich entscheiden, wo seine Grenzen zwischen Zufriedenheit und Unzufriedenheit verlaufen. Müssen die Kisten mit Weihnachts-, Oster- und Karnevalsdeko im Keller penibel nach dem jeweils folgenden kalendarischen Ereignis gestapelt werden, oder ist ein gewisses Chaos auch okay? (Bei uns sowieso, da Holly auch außerhalb der Saison mal Lust auf Verkleiden hat oder nachsehen will, ob es den Osterhasen in der Box gut geht.) Sicher ist nur, dass derjenige, der sich in zu vielen Lebensbereichen Höchstleistungen abverlangt, schnell in eine Überforderungs-Situation kommt. In diesem Zustand lässt sich sowieso kein Blumentopf mehr gewinnen.

Es gibt viel Platz zwischen Perfektion und Schlampigkeit.

Eine Klinge reicht

Manchmal ist der Versuch, etwas perfekt zu machen, von vornherein zum Scheitern verurteilt. Ich denke da zum Beispiel an die sorgfältig zusammengestellten Tagesabläufe in manchen Workshops. Da hat sich jemand viel Zeit genommen, um den Tag minutengenau zu takten. »15.15 Uhr bis 15.25 Uhr: Diskussion« steht dann zum Beispiel da. Kann gar nicht funktionieren, schon allein deshalb nicht, weil der ganze Zauber nicht wie geplant um 8.30 Uhr angefangen hat, sondern um 8.42 Uhr, da drei Teilnehmer den Raum nicht gefunden haben. Und schon ist die perfekte Planung für die Katz und sorgt für unnötigen Stress.

Dem Verlangen der Perfektion nicht nachzugeben, erfordert Mut. Der 24-jährige Mike Clum produziert heute erfolgreich Werbefilme für Firmen. Mit 18 Jahren verdiente er mit so einem Film seine ersten 50 Dollar. »Und er war so schlecht, dass ich dem Kunden danach das Geld wiedergegeben habe«, wird er im »Business Insider« vom Mai 2017 zitiert. Andere hätten die Flinte ins Korn geworfen und sich ein anderes Arbeitsgebiet gesucht. Aber Clum machte weiter, lernte dazu, wurde immer besser. Es dauerte einige Zeit, bis er zu dem Unternehmenschef wurde, der er heute ist. »Wir denken, dass alles von Anfang an perfekt sein muss«, sagt er. »Und wenn es nicht gut genug ist, dann fangen wir nicht an.« Gut, dass er sich getraut hat, auch mal ein Produkt aus der Hand zu geben, das nicht perfekt war. So hat er sich und seinen Filmen die Zeit gegeben, sich zu entwickeln. Wenn dann auch noch Aufrichtigkeit dem Kunden gegenüber dazukommt, steht dem Erfolg nichts mehr entgegen.

»So schlecht, dass ich dem Kunden das Geld zurückgab.«

Manchmal geht in Sachen Perfektion der Schuss sogar total nach hinten los, wie das bekannte Beispiel der Rasierklingen zeigt: Die beiden Multis Gillette und Wilkinson kreuzten jahrelang erbittert die Klingen und überboten sich mit immer neuen Rekorden. Reichte früher *eine* Klinge für eine ordentliche Nassrasur, mussten es bald zwei, drei oder vier sein. Ein südkoreanischer Anbieter brachte sogar einen Klingenkopf mit sieben parallel montierten Klingen auf den Markt! Die Rasur wurde immer perfekter – jedenfalls nach Ansicht der Markenstrategen. In Wirklichkeit wurden die Rasierer mit jeder zusätzlichen Klinge unhandlicher und die hochpreisigen Klingenköpfe so breit, dass man an schwer zugängliche Barthaare gar nicht mehr herankommt.

Wer nie genug kriegt, würde auch einen Rasierer mit acht oder zwölf Klingen kaufen – und immer unzufrieden sein. Genügsamkeit bedeutet nicht, dass man verzichten und entsagen soll. Sondern dass man sich auf das besinnt, was einem wirklich nützlich ist. Der gute alte Ein-Klingen-Nassrasierer, schmal und handlich, kommt problemlos überall hin.

Dass Weniger Mehr sein kann, hat schon der griechische Philosoph Sokrates gewusst. Von ihm ist überliefert, dass er einmal über den Markt von Athen ging und beim Anblick der vielen Waren auf den Marktständen zufrieden ausrief: »Wie zahlreich sind doch die Dinge, die ich nicht brauche!« Der weise Lehrer der Antike kannte seine eigenen Bedürfnisse sehr gut. Wer es ihm gleichtut, lässt sich nichts aufschwatzen, was er gar nicht braucht.

Ta-daah!

Meistens habe ich in Agenturen gearbeitet, die extrem schnell wuchsen. Für manchen Mitarbeiter war das eine große Chance, zügig in eine Führungsposition aufzurücken. Auch Martin hatte das Glück, auf der Beförderungsliste zu stehen. Er war einer unserer besten Berater, gerade mal Anfang 30, und sollte Abteilungsleiter werden. Als die Entscheidung gefallen war, freute ich mich total für ihn und wollte ihm die frohe Botschaft besonders stilvoll überbringen. Der Vertrag lag fix und fertig auf meinem Schreibtisch, inklusive Gehaltssprung und Festlegung von Sondergratifikationen. Ich hatte Martin um 13 Uhr zum Gespräch gebeten. »Worum geht's denn?«, hatte er noch gefragt, aber ich grinste nur und sagte: »Überraschung!« Als er dann vor mir saß, zauberte ich wie auf großer Bühne seinen neuen Vertrag aus dem Hut. Ich redete und redete, darüber, wie sehr ich mich freue, dass er so schnell einen so großen Karrieresprung machen durfte, dass er es voll verdient hatte und so weiter. Erst als ich den Champagner in die bereitstehenden Gläser goss, kam Martin endlich zu Wort: »Ähmm, Frank, ich möchte das nicht.«

»Ähmm, Frank, ich möchte das nicht.«

Ich verstand überhaupt nicht, was er meinte. »Du willst doch mal meinen Job haben«, sagte ich noch in meiner grenzenlosen Begeisterung. Aber Martin lachte nur. »Ich fühl mich an der Kundenfront sehr wohl. Und ich will der Kollege meiner Kollegen sein, nicht ihr Chef.«

Weil ich völlig auf dem Schlauch stand, versuchte ich noch, ihn zu überreden. »Wir müssen das ja nicht sofort machen. Wenn du unsicher bist, ob du mit der Führungsrolle klar kommst, bekommst du ein Coaching ...«

Aber Martin war sich überhaupt nicht unsicher! Ganz im Gegenteil, er war glasklar. Er wusste genau, was er wollte, und vor allem: was er nicht wollte. Irgendwann hab ich es dann gecheckt. Er war vollkommen zufrieden mit seinem Job. Sein Antrieb war nicht »mehr Geld« oder »mehr Führungsverantwortung«, sondern der Wunsch, der beste Berater für seine Kunden zu sein. Genau so wollte er es haben, und genau so sollte es bleiben.

Martins Klarheit hat mich beeindruckt. Er hat mir deutlich vor Augen geführt, dass jeder für sich persönlich entscheiden muss, was zu ihm passt. Hätte er die Beförderung angenommen, wäre er – wie manch anderer auch – todunglücklich geworden. Einige zerbrechen unter dem dauernden Druck, andere werden zum Zyniker oder zum Automaten. Ich habe nie wieder versucht, Mitarbeiter mit einer Beförderung zu überraschen. Heute fühle ich Mitarbeitern, die befördert werden sollen, erst mal auf den Zahn, bevor ich die Korken knallen lasse. Einige Zeit nach der Lektion mit Martin kam ich selbst in die Situation, für meine Zufriedenheit kämpfen zu müssen.

Freude statt Frust

Meine bisher längste berufliche Station verbrachte ich bei der PR-Agentur Pleon. Ein stolzer Kommunikationsriese, entstanden aus der legendären KohtesKlewes-Kommunikationsagentur der beiden PR-Granden Paul J. Kohtes und Dr. Joachim Klewes. Pleon war der absolute Marktführer, wuchs jedes Jahr und beschäftigte die besten Mitarbeiterinnen und Mitarbeiter der Branche. Es war eine unglaubliche Truppe, wir arbeiteten hart, gewannen viel und feierten wild. Ich war stolz, später Anführer dieser ganz besonderen Elite-Einheit zu sein.

Aber nichts bleibt, wie es ist. Angelockt von dem Erfolg, den Rekordumsätzen und der Aussicht auf weiteres Wachstum wurde im fernen New York entschieden, die partnergeführte stolze Pleon mit der US-amerikanischen Network-Agentur Ketchum zu fusionieren. Ich wusste sofort, dass meine Arbeitstage nun anders aussehen würden als bisher. Ich musste mich mit anderen Häuptlingen abstimmen, hing ständig in ermüdenden Zahlen-Calls mit den USA und musste jede

Junior-Berater-Position in einem anstrengenden Freigabeprozess von der New Yorker Zentrale genehmigen lassen. Spaß, Freude und Motivation gingen, der Frust kam. Natürlich hätte ich vieles schlucken und ertragen und für gutes Gehalt einen guten Job machen können. Aber den Frust-Franky wollte ich weder meiner Familie, noch meinen Freunden und auch nicht den Mitarbeiterinnen und Mitarbeitern zumuten. Und mir selbst auch nicht. Also zog ich die Reißleine. Ich kündigte.

> Spaß, Freude und Motivation gingen, der Frust kam.

Meine Entscheidung kam für viele total überraschend. »So eine Position kannst du doch nicht einfach wegwerfen!«, hieß es. Doch für mich war der Schritt eine Befreiung. Ich halte es mit Kasper Rorsted, dem ehemaligen Vorstandsvorsitzenden von Henkel, heute VV von Adidas. Der sympathische Däne sagte einmal: »Ich verbringe zwei Drittel meines Lebens im Job – da kann ich nicht etwas tun, was keinen Spaß macht. Auch wenn es gut bezahlt ist.«

Kellerfinsternis und Rampenlicht

Einer meiner früheren Geschäftspartner trank gerne Rotwein. Wenn ich mit ihm essen ging, dauerte es gefühlte Ewigkeiten, bis die Teller auf den Tisch kamen. Erst studierte er ausgiebig die Weinkarte, dann fachsimpelte er endlos mit dem Sommelier. Wenn der ausgewählte Wein dann umständlich gekostet und eingeschenkt war, konnte es endlich mit dem Essen losgehen. So weit so gut.

Die Leidenschaft meines Geschäftspartners wurde immer intensiver. Als er mich einlud, sein neues Haus anzuschauen, zeigte er mir zuallererst voller Stolz den eigens eingebauten Weinkeller. Bei meinem nächsten Besuch hatte er eine kleine Verkostungsbar im Stile einer spanischen Bodega einbauen lassen – samt Musikanlage, mit der er je nach Wein die passende Musik einspielen konnte. Kurz darauf waren Treffen am Wochenende mit ihm nicht mehr möglich, denn der Weinfreund tummelte sich auf Weinauktionen in ganz Europa. Seine Frau und die Kinder blieben meist allein zu Haus. Wenn wieder einmal kistenweise Neuerwerbungen durch eine Spedition angeliefert wurden, stand seine Frau nur kopfschüttelnd an der Kellertür. Als nächstes mietete mein Geschäftspartner einen temperierten Lagerraum für seine Weine an, denn der Platz im eigenen Keller reichte nicht mehr aus. Das Ende vom Lied: Seine Frau trennte sich von ihm, zog mit den Kindern aus. »Soll er doch mit seinen Weinen glücklich werden«, sagte sie mir. Die smarte Dame verliebte sich neu – in den Erben einer Bier-Dynastie.

Ob dem Weinliebhaber seine Weine wichtiger als seine Familie waren? Ich glaube nicht. Sein maßloser Drang, etwas anzuhäufen, hat ihn einfach den Überblick darüber verlieren lassen, was wirklich wertvoll ist.

Auch ich habe Liebhabereien, über die viele Menschen nur mit dem Kopf schütteln. Meine kleinen Plastik-Indianer und Cowboys der Marke Timpo-Toys gehören dazu. Aber mein Leitstern ist nicht die Unzufriedenheit darüber, dass mir noch Teile der Sammlung fehlen, sondern die Zufriedenheit, die mir der kleine Cowboy

Er war der perfekte Weinkenner und -sammler.

im blauen Hemd und der Trapper im Kanu vermitteln. Die winzige Abstellkammer, in der meine Sammlung aufgebaut ist, tut niemandem weh. Und auch bei meiner anderen großen Leidenschaft – die (Film-)Welt von Winnetou, dem großen Apachen – achte ich darauf, dass meine Familie nicht ins Hintertreffen gerät.

2015 wurde zum Casting für den neuen Winnetou-Dreiteiler von RTL aufgerufen. Ich war elektrisiert. Winnetou? Da musste ich dabei sein! Genau an dem Tag, als in Köln die Statisten für den Dreiteiler ausgesucht wurden, hatte meine Schwiegermutter 80. Geburtstag. Den haben wir natürlich auch miteinander gefeiert – die Familie geht nun mal über alles. Zum Glück feierte das Geburtstagskind in der Nähe des Fühlinger Sees, wo das Casting stattfand – Luftlinie nur ein paar Kilometer entfernt. Also machten meine Frau, meine beiden kleinen Kinder und ich uns nach Kaffee und Kuchen auf den Weg zum Casting – im Sonntagsstaat zu Fuß durch ein kleines Waldstück. Es regnete, aber das tat der Stimmung keinen Abbruch. Aus allen Richtungen strömten die Film- und Westernfreude zusammen, viele von ihnen in privaten Kostümen, vom Holzfällerhemd bis zum detailgetreuen Indianeroutfit war alles dabei. Alle Anwesenden bekamen ein Fotoshooting – wenn ihr Gesicht zu den Vorstellungen der Assistenten passte, wurden sie als Statisten gebucht. Ich war happy, als meine Frau und auch meine Tochter Holly als Siedlerfrau und -kind mit ausgesucht wurden. Ich wurde von einem sogenannten Picker sogar aus der Warteschlange zum Foto-Casting herausgeholt und wurde in die Gruppe, die auf ein Video-Casting warteten, aufgenommen. Damit winkte

»Keiner wollte es so sehr wie Du!«

mir eine Beförderung vom Statisten zum Kleindarsteller. Dass ich dann tatsächlich in runder Melone und mit Backenbart als Geschworener über Old Shatterhand zu Gericht sitzen durfte, lag vielleicht an meinem feierlichen schwarzen Anzug, in dem ich auffiel wie ein Bestatter unter einem Haufen Saloon-Gäste. Später fragte ich den Regieassistenten Angel Pinar: »Warum habt ihr mich eigentlich genommen?« Angel antwortete: »Keiner wollte es so sehr wie Du.«

Großer Fisch und Kleindarsteller

Für mich war das Erlebnis, bei der neuen Winnetou-Verfilmung mitmachen zu dürfen, eines der Highlights in meinem Leben, von dem ich sicher noch meinen Enkeln am Lagerfeuer erzählen werde. Alles, was mit Winnetou zu tun hat, übt auf mich nun einmal eine magische Anziehungskraft aus. Aber ich liebe es auch, hinter die Kulissen zu schauen. Manchmal werde ich gefragt, ob ich es mir als seriöser Berater überhaupt leisten könne, mich als Fuzzi für eine Filmproduktion zur Verfügung zu stellen. Das sei doch ein irreparabler Imageverlust. Ich bin da anderer Meinung. Natürlich ist Personal Branding ein Thema, aber für mich persönlich sind die Bereicherung und der Spaß, die ich an diesen Aktionen habe, unbezahlbar. Zum Gesamtpaket gehört auch, dass sich viele großartige Bekanntschaften am Set ergeben, und damit meine ich nicht nur die mit den Hauptdarstellern, sondern auch die verschworene Gemeinschaft der Filmbegeisterten und

Mit Sackkarre und Zipfelmütze.

Statisten. Da ist zum Beispiel mein Kleindarstellerkollege Armin. Ein spannender Typ, total vielschichtig und inspirierend. So wie ich hat auch er sich als Autor vorgewagt, sein Buch über den Sommer 1957 hat er im Selbstverlag herausgebracht. Wir konnten wunderbar miteinander über Buchmarkt und Leserreaktionen fachsimpeln. Neulich hat er mir ein Foto geschickt, wie er in einem Märchenfilm mitspielt: als mittelalterlicher Dorfbewohner mit Sackkarre und Zipfelmütze. Herrlich! Im »normalen« Leben hätte ich einen wie ihn nie getroffen.

Mit interessanten Menschen ins Gespräch kommen, in eine Rolle schlüpfen, wie auf einer Bühne stehen – am Set bin ich in meinem Element! Deshalb halte ich weiter Ausschau nach Gelegenheiten, ganz nah dran am Thema Film zu sein. Kürzlich durfte ich in der RTL-Serie »Unter uns« mitspielen. Die Casting-Firma, bei der ich mich habe registrieren lassen, hatte eine Eilmeldung im Netz verbreitet: Für eine Casino-Szene, die schon am übernächsten Tag gedreht werden sollte, wurde noch »ein gut gekleideter Black-Jack-Spieler« gesucht. Zufällig hatte ich Zeit, also schickte ich ein Foto von mir, auf dem ich einen Casino-tauglichen Anzug und Krawatte trage, und bekam das Okay. Zwei Tage später fuhr ich für ein paar Stunden nach Köln-Ossendorf – für mich eine Wellness-Mittagspause. Meine Schwiegermutter ist großer Fan der Serie. Wenn die Folge ausgestrahlt wird, wird sie zusammen mit ein paar Freundinnen bei einem Eierlikör vor dem Fernseher sitzen und auf die Szene warten, in der die Hauptdarstellerin im Casino auftritt. Der Typ links neben ihr am Spieltisch – das bin ich.

Am Ende des Tages kommen Motivation und Freude, die ich aus meinem Hobby ziehe, auch meinem Job zugute. Schon allein deswegen, weil ich super-happy bin. Immer wieder ergeben sich auch Berührungspunkte mit meinem Beruf und meiner Familie. Beim Small Talk gehen mir die Themen nicht aus und meine Filmerfahrungen aus erster Hand kann ich sogar bei manchen Kunden sinnvoll nutzen, wenn es um mögliche Kooperationen mit Fernsehserien geht. Und nicht zuletzt: Wenn ich mit meiner Frau die 36 Euro Aufwandsentschädigung bei einem ausgiebigen Kaffeetrinken auf den Kopf haue, schmeckt der Espresso gleich doppelt gut.

Nur ein einziger Posten ist noch offen.

Ich habe mich nie von Bedenkenträgern davon abhalten lassen, meine Träume zu realisieren. Deshalb kann ich heute sagen: Fast alles, was ich mir für mein Leben vorgenommen habe, habe ich gemacht. Im Moment fällt mir nur ein Posten ein, der noch offen ist: eine Sprechrolle bei einem Hörspiel der »Drei Fragezeichen«. Wer weiß, vielleicht klappt das ja auch noch ...

Am Getränkeautomat

Lebenskunst bedeutet nicht nur, die Weichen so zu stellen, dass du mit deinem Leben zufrieden sein kannst. Nach dem Säen darfst du das Ernten nicht vergessen. Das heißt: in Momenten, die es verdient haben, sich zurücklehnen und genießen. Gar nicht so einfach für diejenigen, die sich mit dem Entspannungsmodus schwer tun. Der Kommunikationschef eines großen Unternehmens erzählte mir, dass er mal auf einer Flugreise wegen eines wackelnden Sessels in der Businessclass ein Upgrade in die Erste Klasse bekommen hatte. Doch er hatte keinen Sinn dafür, sich über die extrabreiten Sessel und den aufmerksamen Service zu freuen. Sobald er saß, holte er seine Unterlagen und sein Smartphone aus der Tasche und arbeitete los. Der Groschen fiel erst, als sich nach einiger Zeit die Stewardess über seinen Sitz beugte und freundlich meinte: »Möchten Sie Ihren Flug hier bei uns in der Ersten Klasse denn gar nicht genießen?« Der Chef klappte seinen Laptop zu, verstaute sein Handy, lehnte sich in seinen wunderbar gepolsterten Sessel zurück und kostete bei einem kühlen Drink und einer Kino-Komödie im Bordprogramm den Rest des Fluges ohne Arbeit aus. Erfrischt und ausgeruht kam er an seinem Zielort an.

Ich habe schon oft die Erfahrung gemacht, dass in der Fähigkeit, den Moment entspannt anzugehen, große Chancen liegen. Gerade dann, wenn du nicht mit Gewalt aus jeder Gelegenheit das materielle Maximum herausquetschst, sondern auch mal loslässt und die Dinge auf dich zukommen lässt, öffnen sich neue Türen. Meine Agentur eröffnete in Düsseldorf ein neues Büro. In der Warm-up-Phase hatten wir uns im GAP-Turm am Graf-Adolf-Platz eingemietet, einem Businesscenter, in dem viele kleine Unternehmen und Start-ups ihren Platz finden. So konnten wir schon vor Ort sein und den Umzug in die eigenen Büroräume vorbereiten. So mancher hätte in dieser Zeit keinen Sinn darin gesehen, sich mit den Mitbewohnern abzugeben – unser Aufenthalt war ja nur ein Zwischenspiel, in kurzer Zeit würde das Team ganz woanders residieren. Aber ich kann gar nicht anders, als mich mit meinen Mitmenschen auszutauschen. Der Marktplatz, an dem die Menschen in so einem Gebäude zusammenkommen, ist der Getränkeautomat. Ein »Was machst du denn so?« genügt – und schon ist man im Gespräch. Ich erfuhr, dass unser Büronachbar gerade dabei war, für einige Profi-Fußballspieler ein regionales Hilfsprojekt auf die Beine zu stellen. Im Gegenzug erzählte ich, dass ich PR-Berater bin. Da hellte sich das Gesicht des Spielerberaters auf und er sagte, dass er gerade über einem Werbetext brüten würde und ob ich ihm nicht beim Abfassen helfen könne. Für mich war diese Nachbarschaftshilfe eine Sache von wenigen Minuten. Im Gegenzug eröffnete mir der Smalltalk am Getränkeautomaten ein neues und spannendes Aufgabengebiet.

Weil jede unbedachte Äußerung eines Sportlers einen Shitstorm hervorrufen und die gesamte Mannschaft in Verruf bringen kann – ich denke da zum Beispiel an den »Dönerwurf« von Kevin Großkreutz – beschäftigen viele Clubs eine Presseabteilung und PR-Mitarbeiter. Berühmte Profispieler haben sogar eigene Berater, die Imagepflege betreiben und die sozialen Netzwerke bespielen. Für Wirtschaftsgrößen ist es schon längere Zeit normal, dass sie sich von Beratern coachen lassen, um eine bestimmte Haltung nach außen zu transportieren. Bei großen Sportlern ist es ähnlich, der Unterschied ist, dass sie als globale Marken kein Unternehmen *haben*, sie *sind* das Unternehmen. Auch in unteren Ligen setzt sich professionelle Beratung durch, denn immer ist irgendein Fan da, der mit seinem Smartphone Aufnahmen macht und ins Netz stellt.

> »Was machst du denn so?« – und schon ist man im Gespräch.

Über meine Getränkeautomaten-Bekanntschaft habe ich Kontakt zu dieser Szene bekommen. Heute berate ich auch Fußballvereine, Trainer und Spieler in Sachen Kommunikation. Wieder ein Feld, in dem Beruf und Spaß zusammentreffen und das sich für mich als extrem glücksstiftend erwiesen hat!

Mr. Dave

Jeden Tag geht ein Mann mit Baseballmütze und leuchtend blauem Hemd barfuß den Strand von Trou aux Biches im Nordwesten der Trauminsel Mauritius entlang und verkauft die von ihm selbst angefertigten Perlenarmbänder – beste Qualität zu fairen Preisen. Mr. Dave, von den anderen fliegenden Händlern auch respektvoll *King of Pearls* genannt, ist kunsthandwerklich ein echter Meister. Und was Lebenskunst angeht, ein Genie.

Ich komme mit Mr. Dave ins Gespräch, er erzählt mir, dass ihm die Touristen schon hundertmal geraten haben, doch nach New York, Paris oder Dubai zu gehen, um dort reich zu werden. »Du könntest dort ein Geschäft aufmachen und Millionär werden!«, sagen sie. »Das denke ich auch«, stimme ich zu. Vieles von dem, was es dort in den teuren Boutiquen zu kaufen gibt, reicht nicht an die Armbänder von Mr. Dave heran.

Wenn er genug zusammen hat, geht er heim.

Doch Mr. Dave hat anderes mit seinem Leben vor. »Warum sollte ich? Happiness kannst du nicht kaufen«, sagt er und lacht. Wenn die Sonne aufgeht, badet er im Meer, frühstückt mit seiner Frau und seinen Kindern, dann geht er mit einer Auswahl seiner Perlenarmbänder den Strand entlang. Immer nur so weit, bis er gerade genug für sich und seine Familie verdient hat. Manchmal ist er schon nach 200 Metern fertig, dann geht er einfach wieder heim, auch wenn der Strand noch voller zahlungskräftiger Kundschaft ist. Er hat alles, was er braucht, Sonne, paradiesische Strände, das kristallklare Meer und ein kleines Häuschen. Vor allem hat er Zeit für seine Familie, seine Freunde und sein Leben.

Ich verstehe ihn sofort. Mr. Dave ist für mich der Inbegriff der gelassenen Zufriedenheit. Er weiß genau, was er braucht. Seine Bedürfnisse sind leicht zu erfüllen, deshalb strahlt er eine unfassbare, geradezu leuchtende Zufriedenheit aus.

Die Perlen-Armbänder, die ich von Mr. Dave im Urlaub am Strand kaufte, trage ich jeden Tag. Ich bin schon oft auf sie angesprochen worden, manche meinen abschätzig, ich sähe mit ihnen aus wie ein Berufsjugendlicher. Aber die Bänder haben für mich eine ganz bestimmte Bedeutung: Sie erinnern mich jeden Tag daran, dass es viele gute Gründe gibt, zufrieden zu sein.

»Kinder, was geht's uns gut!«

Wir Geschwister liebten es, wenn mein Vater uns die Geschichten von Winnetou und Old Shatterhand erzählte. Wir bekamen nie genug davon, bei ihren verwegenen Abenteuern wieder und wieder mitzufiebern. In Brasilien war das während der mittäglichen Siesta, wenn die Hitze draußen unerträglich war, in Deutschland hörten wir von den Erlebnissen der beiden Blutsbrüder abends vor dem Einschlafen. Der stolze Apachenhäuptling und sein Blutsbruder waren feste Bestandteile unseres kindlichen Kosmos. Genau das hatte mein Vater im Sinn, denn die Helden Karl Mays sind die idealen Botschafter der ewig gültigen Werte: Aufrichtigkeit, Mut, Treue, Zuverlässigkeit, Tapferkeit, Fürsorge …

Zwei Botschafter der ewig gültigen Werte.

Mit *einer* Eigenschaft hat Karl May seine Helden allerdings nicht sonderlich ausgestattet: Dankbarkeit aus tiefstem Herzen. Winnetou und Old Shatterhand vermeiden es sogar oft tunlichst, jemandem zu Dank verpflichtet zu sein. Dabei ist Dankbarkeit die Zwillingsschwester der Zufriedenheit. Die eine kann nicht ohne die andere sein. Mir war nicht bewusst, dass Dankbarkeit längst ein fester Bestandteil meines Lebens ist. Bis mir mein Vater ein halbes Jahr, bevor er starb, die Worte von Tecumseh, dem großen Häuptling der Shawnees, schickte. Im Gegensatz zu Winnetou war er eine reale Persönlichkeit. Seine Rede bringt all die Werte, die meinen Vater und mich ein Leben lang begleitet haben, auf den Punkt (deshalb ist sie am Ende dieses Buches in voller Länge abgedruckt). Aus Tecumsehs Worten leuchtet dieser Wert heraus:

Wenn du am Morgen aufstehst, bedanke dich für das Licht, für dein Leben, für deine Stärke. Bedanke dich für die Nahrung und die Freuden des Lebens. Falls du keinen Grund siehst, dich zu bedanken, liegt der Fehler in dir.

Dankbar sein bedeutet, das Gute, das einem im Leben begegnet, nicht für selbstverständlich zu halten. **209**

Dankbarkeit ist eine Stärke, die dein Leben erst rund macht. Ich halte oft am Tag inne und bin dankbar für den Moment. Ein Lachen, ein guter Gedanke, der Anblick eines Vogelschwarms – es gibt tausend Gründe, Danke zu sagen. Dafür, dass ich Menschen treffe, die mich inspirieren, und dass ich einen Beruf habe, den ich mit Leidenschaft ausübe und der mir Freude macht und Erfolg bringt. Vor allem aber danke ich dafür, dass meine Familie gesund ist und dass wir haben, was wir brauchen. Es vergeht kein Abend, an dem ich nicht ganz bewusst für den Tag Dank sage. Es ist diese Dankbarkeit aus vollem Herzen, die meinem gelassenen und zufriedenen Leben Tiefe verleiht.

Epilog: Old Firehand

Es ist schon spät, im Garten wird es dunkel und still. Meine Frau, meine beiden jüngeren Kinder und ich sitzen auf der Terrasse dicht beieinander, die beiden Kinder eingewickelt in Decken, und genießen den Einbruch der Nacht. Auf dem kleinen Holztisch vor uns steht in einem Blumentopf Joschis selbstgezogene Tomatenpflanze, an der schon die ersten Früchte rot werden. Und noch etwas hat hier seinen Platz gefunden: eine kleine Petroleumlampe der Marke Feuerhand. Handlich, unverwüstlich, perfekt verarbeitet und seit 1893 made in Germany. Selbst die Kinder sind von der analogen Funzel in den Bann geschlagen – in puncto Attraktion schlägt sie jedes Smartphone aus dem Feld. Vor einer halben Stunde haben sie noch andächtig mit der Leuchte in der Hand eine Runde durch den Garten gedreht.

Ich habe die Feuerhand besorgt, weil mir mein bester Freund so fehlt. Klaus hätte seine Freude gehabt an diesem Licht in dunkler Nacht. Wie wunderbar wäre es, wenn er jetzt hier bei uns sitzen und mit uns bei einem San-Miguel-Bier die Gedanken wandern lassen könnte! Der Docht der Feuerhand brennt gleichmäßig und ohne Petroleum-Gestank, die Mücken werden trotzdem vertrieben. Wunschlos schauen wir in die ruhig brennende Flamme, zelebrieren den Moment. Wie wenig wir brauchen, um als Familie glücklich und zufrieden zu sein! Kein Sterne-Restaurant, keine Bespaßung, noch nicht einmal Strom. Stattdessen haben wir das Sternenzelt und die »Old Firehand« als unser Lagerfeuer to go. In ihrem Schein fühlen wir uns beschützt und geborgen, der Lichtkreis umschreibt unsere Gemeinschaft. Irgendwie haben wir das Gefühl: So lange wir die Feuerhand haben, ist alles gut. Den Kindern fallen langsam die Augen zu.

Ich schaue in den Sternenhimmel, empfinde wahres Glück und denke an Klaus und seinen Spruch: »Wenn es uns nie schlechter als heute geht, dann wollen wir zufrieden sein.«

Tecumseh, Häuptling der Shawnee Indianer
(1768 – 1813)

»Lebe dein Leben so, dass die Furcht vor dem Tod niemals
in dein Herz einkehrt. Kritisiere niemanden wegen seiner
Religion. Respektiere andere und ihre Ansichten und
verlange, dass sie auch deine respektieren.

Liebe dein Leben, vervollkommne dein Leben, verschönere
alle Dinge in deinem Leben. Strebe danach, dass dein
Leben ein langes wird und dem Menschen dient.

Lerne einen edlen, prächtigen Totengesang für den Tag
deines Abschieds von allen.

Gib immer ein Wort oder ein Zeichen zum Gruß, wenn du
einem Freund begegnest, ebenso einem Fremden an einem
unbelebten Ort. Erweise allen Menschen Respekt, aber
krieche vor niemandem.

Wenn du am Morgen aufstehst, bedanke dich für das
Licht, für dein Leben, für deine Stärke. Bedanke dich für
die Nahrung und die Freuden des Lebens. Falls du keinen
Grund siehst, dich zu bedanken, liegt der Fehler in dir.

*Missbrauche niemanden und nichts, denn dies macht Weise
zu Narren und beraubt dem Geist seine Vision.*

*Wenn deine Zeit zu sterben gekommen ist, sei nicht wie
die, deren Herzen gefüllt sind mit Furcht vor dem Tod, die
jammern und beten für ein bisschen mehr Zeit, um ihr
Leben nochmal anders zu leben. Sing dein Sterbelied wie
ein Held, der nach Hause kommt.«*

DANKSAGUNG

Der Weg von einer Idee bis zu einem fertigen Buch ist ein weiter. Und ein Autor geht ihn nie alleine. Ich hatte wunderbare Weggefährten, die an meiner Seite waren und denen ich ganz herzlich danken möchte.

Meinem eigenen Stamm mit Melanie, Emily, Josh und Holly – ihr seid meine Sonnen, die niemals untergehen. Meiner Mutter Christel, ein ewiger Fels in der Brandung und auch im hohen Alter noch ein Vorbild. Meinen Geschwistern Hilke und Ulf – für mich Nscho-Tschi und Old Shatterhand bis heute. Unserer ganzen Großfamilie mit meiner lieben Schwiegermutter Katharina, Schwägerinnen, Schwagern, Onkeln und Tanten, Cousins und Cousinen und allen weiteren Verwandten. Wir sind ein großer Stamm, der zusammenhält.

Meinen großartigen engen Freunden, die sehr verlässliche Säulen sind für alle Zeiten.

Den vielen besonderen Menschen auf meinem bisherigen Weg, die mich inspiriert haben und weiter inspirieren. Einige stehen in diesem Buch – zu Recht!

Allen Kolleginnen und Kollegen in allen Firmen, in denen ich bisher tätig war. Es war ein Geschenk, mit euch zusammenarbeiten zu dürfen. Wenn ich zurückblicke, sehe ich lauter ganz besondere Menschen, von denen ich keinen missen möchte.

Für dieses Buch gilt besonderer Dank meinem Dream-Team:

Dr. Hanna Leitgeb, meiner Agentin, Du hattest wieder ein gutes Gespür für ein weiteres Buch.

Ralf Markmeier, Sigrid Fortkord, Renate Hofmann, Anja Rotte, Hans-Jörg Unger und dem gesamten Team beim Gütersloher Verlagshaus/Verlagsgruppe Random House. Ich bin weiter glücklich, bei euch in dieser besonderen Verlagsfamilie zu sein.

Dr. Bettina Burchardt – die von Beginn an Feuer und Flamme für die Winnetou-Strategie war. Wie im ersten Buch meine wertvolle »Reisebegleiterin« und Sparringspartnerin. Du stellst immer die richtigen Fragen und holst die versteckten Erinnerungen ans Tageslicht – faszinierend.

Weiterer besonderer Dank gilt:

John M. John, dem Fotografen, der mich seit Jahren begleitet. Auf historischem Boden in Elspe war es für uns beide eine Rückkehr in unsere Kindheit und das Fotoshooting war keine Arbeit sondern Freude.

Jochen Bludau und dem Team der Karl-May-Festspiele von Elspe Festival. Danke, dass wir da sein durften. Ich kehre immer wieder zurück.

Ute Thienel, Wolfgang Spahr und allen bei den Karl-May-Spielen in Bad Segeberg für einen Blick hinter die Kulissen meiner Kindheit am Geburtstag meines Sohnes. Ich komme auch weiterhin jedes Jahr wieder.

Karl-May-Verleger Bernhard Schmid. Vielen Dank für das Wohlwollen und die wunderbare Unterstützung. Den Hüter des von mir verehrten Werkes von Karl May an meiner Seite zu wissen, erfüllt mich mit großer Freude.

Dem wunderbaren Team des Magazins Karl May & Co., ihr macht mir mit jedem Heft eine Freude.

Der Rat Pack Filmproduktion und RTL für die Möglichkeit, in dem TV-Mehrteiler Winnetou mitspielen zu dürfen. Für mich ist damit ein Traum in Erfüllung gegangen.

Allen Karl-May-Fans, denen ich in echt oder über die sozialen Netzwerke begegnet bin und noch begegnen werde. Ich freue mich, dass ich mit meiner Begeisterung nicht alleine bin.

Stefan von der Heiden. Wir waren Kollegen und bleiben durch Karl May weiter verbunden. Unser gemeinsamer Auftritt im »Wer wird Millionär«-Winnetou-Special bei RTL bleibt unvergessen.

Philipp Jessen, Anna-Beeke Gretemeier und Daniel Bakir für die tolle Zusammenarbeit bei der Stern-Stimme. Danke, dass ich meine Geschichten aus dem Leben bei euch teilen darf.

Allen meinen Followern und Kontakten in den sozialen Netzwerken. Ich freue mich über eure zahlreichen Reaktionen und über den fortlaufenden Dialog.

Allen Medien und Redakteuren, die sich mit mir beschäftigt haben und beschäftigen. Ich schätze unsere konstruktive Zusammenarbeit sehr.

Allen Menschen, die mein erstes Buch gekauft oder geschenkt bekommen haben. Der Erfolg von »Liebe dein
Leben und NICHT deinen Job« war die Grundlage, um
überhaupt ein zweites schreiben zu dürfen.

Allen Buchhandlungen und Vertriebsorganisationen,
die meine Bücher empfehlen, gut präsentieren und verkaufen. Ich weiß euren Support sehr zu schätzen.

Allen Redneragenturen, Unternehmen und Institutio-
nen, die mich für Vorträge gebucht haben und künftig
buchen. Es war und ist mir eine Freude, meine Gedanken bei euren Veranstaltungen teilen zu dürfen.

Dem Management bei Serviceplan für die Möglichkeit
einer partnerschaftlichen Zusammenarbeit, die mir den
Freiraum bietet, auch Zeit für meine Autorentätigkeit,
Vorträge und das Leben zu haben.

Und last but not least: meinem früheren Mitarbeiter
Olaf Grewe, der mich per Twitter mit der Feuerhand
bekannt machte.

Feedback/Infos/Kontakt:

Auch zu diesem Buch freue ich mich über Feedback: Schreibt mir gerne per E-Mail an frankzdeluxe@gmail.com

Besucht meine Website: www.frankzdeluxe.de

Lest meine wöchentliche Stern-Stimme auf: www.stern.de

Verbindet euch mit mir bei Xing und LinkedIN.

Folgt mir auf Twitter und Instagram unter @frankzdeluxe und auf Facebook unter Frank Behrendt.

Wer Interesse an einem Exemplar mit Signatur oder persönlicher Widmung hat, schreibt bitte eine E-Mail an frankzdeluxe@gmail.com Ebenso bei Interesse an einem persönlichen Auftritt von mir. Mein Backoffice hilft gerne weiter.

Wer »Liebe dein Leben und NICHT deinen Job« noch nicht kennt, sollte es lesen, um das ganze Bild von mir zu erhalten. Wem »Die Winnetou-Strategie« gefallen hat, kann anderen eine Freude damit machen und ihnen ein Exemplar schenken.

Zum Schluss mein Wunsch für euch alle:

Werdet Häuptling eures Lebens. Und glücklich.
Howgh.

Euer
Frank Behrendt

ANMERKUNGEN

1. http://www.spiegel.de/kultur/kino/pierre-brice-letztes-interview-kurz-vor-seinem-tod-a-1037523.html

2. http://www.focus.de/kultur/vermischtes/leonard-nimoy-nimoy-und-shatner-daran-zerbrach-ihre-freundschaft_id_5285252.html
    Yhttp://www.spiegel.de/kultur/tv/nimoy-und-shatner-die-legende-von-ihrer-feindschaft-a-1021060.html

3. Alle Zitate von Karl May aus:
    May, Karl: Winnetou. Erster Band, Reiseerzählung, Band 7 der Gesammelten Werke, Revidierte Textfassung von Hans Wollschläger von 1960, neu herausgegeben von Lothar Schmid, Bamberg 1992.
    May, Karl: Winnetou. Zweiter Band, Reiseerzählung, Band 8 der Gesammelten Werke. Textfassung von 1962, neu herausgegeben von Lothar und Bernhard Schmid, Bamberg 2001.

4. Igor Grossmann, in »Proceedings of the National Academy of Scienes«, April 2010

Für alle Lebensliebhaber bietet das Gütersloher Verlagshaus Durchblick, Sinn und Zuversicht. Wir verbinden die Freude am Leben mit der Vision einer neuen Welt.

UNSERE VISION EINER NEUEN WELT

Die Welt, in der wir leben, verstehen.

Wir sehen Menschlichkeit als Basis des Miteinanders: Mitgefühl, Fürsorge und Beteiligung lassen niemanden verloren gehen. Wir stehen für gelingende Gemeinschaft statt individueller Glücksmaximierung auf Kosten anderer.

....

Wir leben in einer neugierigen Welt: Sie sucht ehrgeizig und mitfühlend Lösungen für die Fragen unseres Lebens und unserer Zukunft. Wir fragen nach neuem Wissen und drücken uns nicht vor unbequemen Wahrheiten – auch wenn sie uns etwas kosten.

....

Wir leben in einer Gesellschaft der offenen Arme: Toleranz und Vielfalt bereichern unser Leben. Wir wissen, wer wir sind und wofür wir stehen. Deshalb haben wir keine Angst vor unterschiedlichen Weltanschauungen.

**Das Warum und Wofür
unseres Lebens finden.**

**Wir helfen einander,
uns selber besser zu verstehen:**
Viele Menschen werden sich erst
dann in ihrem Leben zuhause
fühlen, wenn sie den eigenen We-
senskern entdecken – und Sinn in
ihrem Leben finden.

**Wir ermutigen Menschen, zu ihrer
Lebensgeschichte zu stehen:**
In den Stürmen des Alltags geben
wir Halt und Orientierung. So
können sich Menschen mit ihren
Grenzen aussöhnen und zuver-
sichtlich ihr Leben gestalten.

**Wir haben den Mut, Vertrautes
hinter uns zu lassen:**
Neugierde ist die Triebfeder eines
gelingenden Lebens. Wir wagen
Neues, um reich an Erfahrung zu
werden.

**Erfahren, was uns im Leben
trägt und erfreut.**

**Wir glauben an die Vision
des Christentums:**
Die Seligpreisungen der Bergpre-
digt lassen uns nach einer neuen
Welt streben, in der Vereinsamte
Zuwendung, Vertriebene Zuflucht,
Trauernde Trost finden – und
Gerechtigkeit, Barmherzigkeit
und Frieden herrschen.

**Wir geben Menschen die
Möglichkeit, den Glauben (neu)
zu entdecken:**
Persönliche Spiritualität gibt
Kraft, spendet Trost und fördert
die Achtung vor der Schöpfung
sowie die Freude am Leben.

**Wir stehen mit Respekt vor
der Glaubenserfahrung anderer:**
Wissen fördert Dialog und Verständnis, schützt vor Fundamen-
talismus und Hass. Wir wollen
die Schätze anderer Religionen
kennenlernen, verstehen und
respektieren.

GÜTERSDIE
LOHERVISION
VERLAGSEINER
HAUSNEUENWELT

Bibliografische Information der Deutschen Nationalbibliothek

Die Deutsche Nationalbibliothek verzeichnet diese Publikation
in der Deutschen Nationalbibliografie; detaillierte bibliografische
Daten sind im Internet über https://portal.dnb.de abrufbar.

Verlagsgruppe Random House FSC® N001967

1. Auflage
Copyright © 2017 Gütersloher Verlagshaus, Gütersloh,
in der Verlagsgruppe Random House GmbH,
Neumarkter Str. 28, 81673 München

Sollte diese Publikation Links auf Webseiten Dritter enthalten,
so übernehmen wir für deren Inhalte keine Haftung, da wir uns
diese nicht zu eigen machen, sondern lediglich auf deren Stand
zum Zeitpunkt der Erstveröffentlichung verweisen.

Konzept- und Textberatung: Dr. Bettina Burchardt
Titel in Abstimmung mit dem Karl-May-Verlag, Bamberg.
Umschlagmotiv: © Shutterstock – Robert Adrian Hillmann
Druck und Bindung: GGP Media GmbH, Pößneck
Printed in Germany
ISBN 978-3-579-08681-1
www.gtvh.de